# L'émergence de la troisième culture
# et la mutation létale

**Psycho - logiques**

*Collection fondée par Philippe Brenot*
*et dirigée par Joël Bernat*

Sans exclusives ni frontières, les logiques président au fonctionnement psychique comme à la vie relationnelle. Toutes les pratiques, toutes les écoles ont leur place dans Psycho - logiques.

**Déjà parus**

Didier BOURGEOIS, *Le syndrome de Schopenhauer, Variante psycho-sociale des troubles du comportement à l'adolescence*, 2018.
Clément RIZET, *Les tentatives de suicide des adolescents. Du Négatif à la Subjectivation*, 2018.
Walter TRINCA, *les multiples visages du* self, *Traduit du brésilien par Pascal Reuillard*, 2018.
Sophia DUCCESCHI JUDES, *Anorexie mentale, Quand un père passe… et manque*, 2018.
Agnès VOLTA & Jean-Claude ROLLET, *Influence socioculturelle sur la souffrance psychique, Une question de place,* 2017.
Jean-Claude GRULIER, *Eugène Minkowski, philosophe de la psychiatrie*, 2017.
Christian LEJOSNE, *Un fil rouge. Ce qui relie l'œuvre d'un auteur à son enfance, selon la théorie d'Alice Miller (Abécédaire)*, 2017.
Marie-Laure BALAS-AUBIGNAT, *Identification au traumatisme des petits-enfants de survivants*, 2017.
Cécile CHARRIER, *Tous des monstres. Voir sa violence en face*, 2017.
Myriam NOËL-WINDERLING, *Théorie de la solitude,* 2017.
Arlette VILLA-PORTENSEIGNE, *L'expertise sous le regard de la psychanalyse. « Faux-Pas » ou la question des mères*, 2017.
Sébastien PONNOU, *Le travail social à l'épreuve de la clinique psychanalytique*, 2016.

Anna Curir

# L'émergence de la troisième culture et la mutation létale

*Traduction de Jean-Pierre Ané-Prince*

L'Harmattan

**Du même auteur**

*Astri Collassati*, Il Castello (1983).
*Observing the stars, 250 years of astronomy in Turin. The history and the instruments of the astronomical observatory in Turin*, Silvana editoriale (2009).
*Il DNA delle Galassie*, UTE Libri (2013).
*I processi psicologici della scoperta scientifica, l'armoniosa complessità del mondo*, Kim Williams Books (2014).
*Les processus psychologiques de la découverte scientifique, l'harmonieuse compléxité du monde*, Harmattan (2014).
Anna Curir & Fernando de Felice, *From Science Fiction to Science, the role of the fantasy in the development of science*, CLEUP (2015).
*L'emergere della terza cultura e la mutazione letale*, Il Sirente (2016).


**5-7, rue de l'Ecole-Polytechnique, 75005 Paris**

http://www.editions-harmattan.fr

ISBN : 978-2-343-15438-1
EAN : 9782343154381

*À Zoé, petite étoile*

« Les espèces qui survivent ne sont pas les espèces les plus fortes, ni les plus intelligentes, mais celles qui s'adaptent le mieux aux changements. »

*Charles Darwin, 1809-1882*

# Introduction

Aller au théâtre et se sentir émotionnellement concerné par la beauté de la pièce est une expérience commune à un grand nombre d'entre nous. Il est moins fréquent d'être ému devant l'explication scientifique d'un phénomène naturel. Pourtant, le scientifique, le dramaturge, le poète, créent leurs œuvres en utilisant des processus intérieurs semblables : un genre de bricolage d'éléments déjà connus, fréquentés ou utilisés, qui se combinent en une représentation totalement nouvelle de l'homme ou de la vie vécue. Une représentation qui captive son créateur par sa beauté, par l'harmonie à travers laquelle les divers morceaux du bricolage se structurent. Et le scientifique, le poète, le dramaturge, mais aussi le philosophe, le peintre, éprouvent de profondes émotions à créer leurs œuvres. Ce sont ces émotions qui sont transmises lors de la lecture d'une poésie, la vision d'un tableau ou d'une pièce de théâtre ou la compréhension d'une théorie scientifique.

L'émotion, on le voit, rapproche la science et l'art, culture humanistique et scientifique. L'émotion se transmet comme le langage. Les émotions et le langage (qu'il soit littéraire, artistique ou scientifique) sont les charnières entre les deux cultures, entre la science et l'humanisme.

Dans ce livre je parlerai des deux cultures, humanistique et scientifique, de comment s'est créée une fracture entre elles à l'époque moderne et de combien est ressentie de nos jours, en particulier de la part des scientifiques mais aussi de la communauté des humanistes, le besoin de dépasser cette fracture. Je suggérerai que la naissance d'une nouvelle culture, la troisième culture, pourra représenter un espace dans lequel le dialogue entre les deux communautés ait lieu et soit riche de développements.

Je parlerai de l'espérance que ces développements puissent porter à une nouvelle société, à de nouvelles démocraties où le langage soit le tissu connectif d'une communication qui se pose les problèmes des responsabilités, des buts et permettent d'aller au-delà d'une société dominée et motivée exclusivement par l'efficience de la technique.

Une vie où science et philosophie coexistent harmonieusement est une vie qui trouve sa propre signification et donc la félicité, dans le sens premier du terme, celui du grec. Félicité qui n'est pas produite par la simple recherche du plaisir, mais par l'accès à l'*eudaimonia*, c'est-à-dire être en compagnie de son bon démon, avoir avec soi son bon guide spirituel.

J'imagine des *espaces nous-centriques* au lieu d'*égocentriques* dans lesquels règne le partage au lieu de la compétition. Ces espaces qu'utilise instinctivement le petit enfant dans son approche à la connaissance du monde et que devraient utiliser aussi les groupes de travail des adultes, que ce soit dans les laboratoires scientifiques ou dans les allées du pouvoir.

Je rappellerai les enseignements de Norberto Bobbio et Vladimiro Zagrebelski pour souligner les grandes possibilités de communication que possède la vertu d'humilité et l'importance de la culture (et je dis, d'une troisième culture) comme base de la démocratie.

Et enfin j'utiliserai la métaphore utilisée par Richard Dawkins pour représenter l'évolution darwinienne et les suggestions de Wilfred Bion, Ernst Mayr et Noam Chomsky pour suggérer comme intelligence et culture peuvent devenir alternativement une mutation létale ou une stratégie de survie et d'autoconservation. L'alternative entre les deux dépend uniquement de notre prise de conscience du fait qu'agir est différent de faire. Une prise de conscience qui soit en mesure de nous porter vers une troisième culture où émotions et empathie sont des ingrédients indispensables aux côtés de la logique et de la technique, où la science reconnaît ses propres composants de sensibilité et où la technique redevient seulement un instrument soumis à la responsabilité humaine.

Les considérations exprimées dans ce livre ne se proposent certes pas d'affronter le problème philosophique du mal, ou de suggérer une analyse des tragédies dans l'histoire de l'humanité causées par l'oppression et la violence. Ce livre cherche seulement à mettre en exergue comment la dichotomie entre les sciences et l'humanisme, associée à l'influence toujours plus grande de la technique dans notre réalité, peut générer des comportements cruels et sans pitié, une moderne amoralité que nous avons parfois du mal à reconnaître.

# I. Les deux cultures : le dévoilement, les faits et la vérité

Culture dérive du latin *colere*, cultiver. L'action de cultiver demande de l'attention, un soin prolongé dans le temps. Et c'est justement ce dont a besoin l'esprit humain pour se développer : de soin et d'attention, dans le temps. En fait, les êtres humains naissent incomplets et ont besoin d'assistance pour grandir et devenir autonomes. La culture, de ce point de vue peut également être considérée comme une stratégie de survie. Les animaux n'ont pas besoin de culture pour survivre. Le processus de développement de la culture mène, par contre, du point de l'individu, à la formation de l'adulte autonome et, du point de vue anthropologique a mené à la naissance de l'Homo Sapiens.

L'anthropologue Claude Lévi Strauss dit que :

> Toute culture peut être considérée comme un ensemble de systèmes symboliques au premier rang desquels se placent le langage, les règles matrimoniales, les rapports économiques, l'art, la science, la religion[1].

C'est avec les modèles culturels que l'homme donne un sens à sa propre vie.

Dans ce livre nous parlerons des *deux cultures*, en nous référant à des cultures liées à des activités particulières qui sont l'activité scientifique et l'activité littéraire ou artistique. Nous nous référerons donc à des modèles développés par ceux qui travaillent soit dans la recherche scientifique, soit dans l'art ou la littérature.

---

1 C. Lévi Strauss, *Introduction à l'œuvre de Marcel Mauss*, apud Marcel Mauss, *Sociologie et Anthropologie*, PUF, 1950, p. XIX.

La thèse de ce livre est que l'accès à une nouvelle culture qui intègre ces deux cultures et dépasse l'opposition entre sciences et matières dites humanistiques mènera à un humanisme nouveau qui pourrait nous sauver de l'autodestruction vers laquelle nous paraissons être engagés. Cette culture représente en fait le premier pas pour dépasser la destructivité humaine, rendue de nos jours encore plus raffinée et sans pitié par la domination de la technique. La troisième culture est déjà en devenir. Les scientifiques et les intellectuels en ressentent le besoin et en débattent. Quand son plein accomplissement imprégnera notre vie intellectuelle et sociale, la société en sera bonifiée.

On sait que le premier à affronter le problème du rapport entre ces deux cultures fut Charles Percy Snow, dans son pamphlet paru en 1959 : *Les deux cultures et la révolution scientifique*, qui eut un énorme succès. Snow était un scientifique (il avait un master de Physique), mais aussi un auteur de romans et il fit noter que, dans la vie intellectuelle de la société occidentale, s'étaient formés deux groupes opposés : les littéraires et les scientifiques. Entre les deux groupes il releva *un abîme d'incompréhension réciproque, et parfois de l'hostilité et du mépris*[1] (pour donner un exemple, une expression utilisée par les littéraires pour désigner les scientifiques était : *les spécialistes ignorants*). Il n'y a aucun lieu, d'après Snow, dans lequel ces deux cultures peuvent se rencontrer.

Selon Snow, les raisons de l'existence de cette dualité de cultures sont nombreuses et complexes, mais dans son livre il voulut en isoler une : *la révolution scientifico-industrielle* qui causa selon lui *la plus grande transformation sociale depuis la découverte de*

1 C. P. Snow (1968), p. 20.

*l'agriculture*[1]. Une transformation passée pourtant inaperçue auprès de la culture traditionnelle de l'époque. La principale solution au problème des deux cultures, Snow la situe au niveau de l'école. Il s'agit de faire comprendre la signification de la révolution scientifico-industrielle dans le cadre de l'enseignement scolaire. Le livre de Snow détaille aussi d'autres aspects de la révolution industrielle en termes économiques et sociaux, mais nous ne nous y arrêterons pas.

Snow mit bien en évidence le fait qu'une révolution comme la révolution industrielle provoqua une cassure entre les intellectuels de l'époque (de formation humanistique) et la nouvelle classe scientifique en train de se former. Et que les deux communautés, scientifiques d'une part et littéraires de l'autre, s'affirmèrent comme deux cultures dans l'acception anthropologique, dans le sens indiqué au début de ce chapitre : qui signifie que les membres des deux communautés *partagent des attitudes, des règles, des schémas de comportement, des orientations et des présupposés*[2]

De nos jours, celui qui étudie la nature ne peut pas ne pas communiquer à ses collègues les résultats de ses recherches. On considère cela comme une espèce d'obligation morale, un service rendu à l'humanité. Cette idée de base du développement de la science est toutefois en opposition avec une tradition élitiste de la connaissance et de la transmission de la connaissance elle-même, tradition restée longtemps une coutume de la communauté des littéraires.[3]

---

1 C. P. Snow, op. cit., p. 35.

2 C. P. Snow, op. cit., p. 73.

3 En Italie, l'attitude élitiste des philosophes (et sa conséquence la fracture entre les deux cultures) eut son apogée avec les idées de Benedetto Croce, pour lequel *les sciences de la nature* [n'étaient autre que] *des édifices de pseudo-concepts* [qui avec] *leurs abstractions et leurs mathématisations mutilaient la réalité vivante*

Snow augure dans son pamphlet la venue d'une *troisième culture*, convaincu que celle-ci se vérifiera dans un proche avenir. Dans cette nouvelle culture les difficultés de communication entre scientifiques et littéraires se seront fortement atténuées. Les souhaits de Snow impliquent aussi une meilleure compréhension de la révolution industrielle et de ses effets sociaux et humains. Le livre de Snow doit être également considéré comme un manifeste du modernisme, de la foi dans la science et dans le développement qu'elle crée.

Le neuropsychologue Nick Humphrey, reprend la réflexion de Snow, pour lequel : *Newton fut le Shakespeare de la science*[1], énoncé qui jette un pont symbolique entre les deux cultures.

Ce pont, voyez-le bien, ne fut pas nécessaire pour des scientifiques ou artistes comme Léonard de Vinci, Piero della Francesca, Goethe, Pascal (celui-ci faisait toutefois la distinction entre *esprit de géométrie et esprit de finesse*), des personnages œuvrant à la fois dans la littérature l'art et la science. La fracture des deux cultures s'est en fait produite dans un temps plus récent, comme Snow vient de nous le dire.

Mais Nick Humphrey donne une précision sur son appréciation de ce lien entre Newton et Shakespeare : son opinion est que, si Newton n'avait pas écrit ses traités, quelqu'un d'autre l'aurait sûrement fait, tôt ou tard, alors que si Shakespeare n'avait pas écrit ses œuvres, personne n'aurait pu les écrire[2]. En d'autres termes, Newton fit les choses à la manière de Dieu, Shakespeare à la manière de Shakespeare.

---

*du monde.* Croce (1958), *La logica come scienza del concetto puro*, Laterza, Bari.

1 N. Humphrey, in Brockman (1995) p. 206.

2 N. Humphrey, *ibid.*

Cette opinion exprime bien, selon moi, d'une façon synthétique et incisive, la fracture encore profonde de nos jours entre les deux cultures.

Il faut noter que la considération faite par Humphrey ne doit pas être vue nécessairement comme une dévaluation du travail du scientifique, car elle peut aussi être utilisée d'une manière tout aussi négative vis-à-vis de l'art et de la littérature dont le caractère serait moins universel et objectif que celui des résultats scientifiques. On pense par exemple aux positions radicales du mathématicien Piergiorgio Odifreddi qui écrit dans son blog :

> Il me semble que les humanistes ne se rendent pas compte qu'une grande partie de la littérature n'est que divertissement ou distraction, comme le sont les centres commerciaux ou la téléréalité. Aujourd'hui, le divertissement est sacro-saint, mais ne peut se le permettre que celui qui a du temps à perdre. Pas Newton, par exemple, qui alla une seule fois au théâtre et partit avant la fin. Pas Darwin, qui trouvait Shakespeare *si insupportablement lourd à en éprouver du dégoût*. Pas ces nombreux prix Nobel ou médaille Fields que j'ai entendu de mes propres oreilles affirmer qu'ils ne trouvaient aucun intérêt à lire des *histoires inventées*.[1]

Je ne partage pas le point de vue d'Odifreddi, mais il me semble intéressant de faire remarquer une chose importante : l'affirmation de Humphrey présuppose que la nature soit quelque chose d'objectif qui doit simplement être dévoilé par le scientifique, alors que l'art aurait des contenus beaucoup plus subjectifs . En conséquence, les créations artistiques, bien qu'accédant à des valeurs universelles pour l'homme, conserveraient une forte

---

1 Odifreddi, blog « *Il non senso della vita* » Repubblica 22/09/2010.

empreinte personnelle de l'auteur. Chose qui, par contre n'arriverait pas pour un traité scientifique, celui-ci ne révélant simplement que la nature dans son unicité

Cette façon de voir a des origines très anciennes. Souvenons-nous que Platon dans *La République* prend ses distances avec l'art, soutenant que les poètes racontent des histoires sorties de leur imagination et cultivent les passions (au lieu de les réprimer). Platon s'intéresse à la *réalité en soi* selon le principe qu'il existe une réalité ultime et pure.

L'objectif platonicien est justement de reproduire l'inconnaissable réalité des Idées. Cet objectif ne peut donc pas être atteint par l'art, d'après Platon, puisque l'artiste suit sa propre imagination subjective.

Dans ce livre, nous verrons que ce présupposé n'est pas si vrai : l'art et la science sont tous les deux de purs processus de connaissance. Et il n'y a pas de réelle opposition entre la découverte scientifique, relative au monde extérieur et celle psychologique relative à notre monde intérieur[1].

En premier lieu, il faut rappeler que l'objectivité absolue de la réalité découverte par le scientifique n'est plus tout à fait certaine, depuis que les travaux de Heisenberg sur le principe d'indétermination, relation fondamentale de la mécanique quantique, et les études qui ont suivi, ont fait de l'observateur un participant de l'observation elle-même. La réalité, donc *répond à l'observateur*[2]. Wolfgang Pauli nous dit que :

---

1 Cf A. Curir (2014).

2 L'astronome prussien Friedrich Wilhelm Bessel [1784-1846] fut le pionnier de la découverte de la subjectivité des mesures scientifiques. C'est à Königsberg qu'il se mit à mesurer, dans les années 1820, la différence systématique existant entre ses propres mesures astronomiques et celles d'autres collègues. Bessel put constater que chaque astronome tendait à introduire dans ses déterminations objectives de valeurs, une variation subjective

> L'incontrôlable interaction entre observateur et système observé qui a lieu dans chaque observation rend impraticable la conception déterministe sur laquelle se fonde la physique classique[1].

D'après la physique quantique une particule n'a ni position ni vitesse définie tant que ces grandeurs ne sont pas mesurées par un observateur. De plus, il existe en physique des choses que nous ne pouvons voir, comme l'électron ou les quarks (les particules constitutives du proton et du neutron). Bien que nous puissions dire que protons et neutrons sont formés de quarks, nous ne pourrons jamais observer un quark isolé.

Donc, en physique, on peut arriver à attribuer une réalité à des choses qui sont inobservables selon un

---

systématique par rapport aux autres. Ainsi naquit le concept fondamental d'équation personnelle (que James appellera *psychologist's fallacy).*

On peut l'énoncer ainsi : toutes les observations et toutes les mesures que produit un observateur unique dérivent en partie d'une distorsion systématique par rapport à la réalité. Une telle constatation est pleinement fondatrice, tant pour la psychologie que pour la science, dans la modernité, et aussi pour la science comme psychologie et pour la psychologie comme science. La loi de l'équation personnelle permet en fait de démontrer scientifiquement qu'il existe toujours une distorsion objective de la subjectivité de l'observateur scientifique. Comme elle permet de démontrer scientifiquement qu'il existe toujours une distorsion subjective de l'objectivité de la science observante. Ce qui représente une donnée centrale tant pour le mouvement psychologique que pour le mouvement scientifique. (F. Perussia, préface à A. Curir (2014)).

Près de cinquante ans après la découverte de Bessel, Helmholtz, qui en connaissait bien le travail, démontra que la conduction des impulsions nerveuses a une vitesse variable. Sa découverte inaugura l'ère de la *Chronométrie mentale*, un pas décisif pour la neurophysiologie et la psychologie expérimentale.

1 W. Pauli (2006) p. 118.

principe, mais qui produisent des prévisions correctes (par ex. sur le comportement des atomes). On pourrait toutefois affirmer que le succès dans leurs prévisions soit la preuve que les théories scientifiques représentent la réalité. Mais cette affirmation est fragile, en effet des théories différentes peuvent décrire un même phénomène en utilisant des concepts très différents. C'est ce qui se passe au moment d'un changement de paradigme scientifique, chose bien décrite par Thomas Kuhn dans son essai *La structure des révolutions scientifiques.*

En particulier, pour ce qui concerne la physique moderne, on peut dire que celle-ci ne s'intéresse pas vraiment à des *objets*, mais plutôt à des rapports mathématiques existant entre des abstractions, qui sont ce qui reste des objets. Pendant longtemps la physique a cherché à réduire la qualité en quantité, mais en s'approchant des éléments ultimes de la matière, la qualité a eu le dessus. Réduire à la quantité existe encore, mais on ne sait plus à quoi s'applique cette réduction. Bertrand Russell, fameux mathématicien et logicien, a déclaré :

> La physique est de la mathématique, non parce que nous savons beaucoup de choses sur le monde, mais parce que nous en savons bien peu : nous ne pouvons seulement que découvrir leurs propriétés mathématiques[1].

L'idée que la nature puisse être *dévoilée* par le scientifique, sous-entend en outre que celui-ci doive découvrir les lois causales secrètes qui gouvernent les phénomènes. Mais l'indétermination intrinsèque de la physique quantique imprègne la nature entière et donc il s'ensuit que certains événements sont effectivement

1 B. Russell in *Outline of philosophy*, p. 163, cité dans Koestler (2010), p. 532.

*spontanés*, ils se produisent, et donc on ne peut pas dire que tous les événements ont une cause. Ces événements quantiques spontanés se limitent au niveau atomique et ce faisant nous ne les remarquons pas dans notre vie de tous les jours. Mais les théories cosmologiques modernes en arrivent à la théorie disant que notre Univers entier fut un temps, limité au niveau atomique. Et donc les effets quantiques durent alors être très importants et il est alors possible que l'Univers ait eu son origine dans un événement quantique spontané, sans qu'il y ait eu une cause qui l'ait précédé.

À ces considérations je souhaite ajouter que la pensée scientifique ne peut être réduite au seul dévoilement des lois causales. Non seulement parce que, comme nous venons de le voir, nous ne sommes pas totalement sûrs de la causalité absolue des lois naturelles, mais aussi parce que la pensée scientifique elle-même peut procéder avec une logique qui ne soit pas strictement causale. Il existe, en fait, des études sur la séparation entre pensée causale et a-causale ou même causale et pré-causale. On trouve le point de vue selon lequel la pensée non causale (par exemple la pensée magique ou animiste) soit typique de l'âge infantile, comme le pensait le psychologue et pédagogue Jean Piaget. À l'inverse, Felice Perussia soutient que :

> La manifestation de la pensée pré-causale soit plus diffuse que prévu et ne dépende pas ni de l'âge du sujet ni du stage cognitif atteint, mais éventuellement, et ce d'une manière limitée, de facteurs culturels psychodynamiques et de l'expérience, et aussi du type de méthodologie expérimentale utilisée. *Et que* à la lumière des résultats actuellement à notre disposition, la pensée pré-causale paraît être, en somme, une caractéristique diffuse de la raison (indifféremment

> adulte ou infantile) plutôt qu'un de ses stades préliminaires. *De plus, Perussia dit encore que* Une grande partie des interprétations infantiles concernant les phénomènes naturels peut être retrouvée, exprimée clairement, souvent en termes identiques, dans certains des textes scientifiques les plus significatifs de la tradition classique grecque, latine, médiévale et même contemporaine mais aussi dans les écrits et la science orale de beaucoup de cultures dites *sauvages*. Ce qui pourrait signifier que l'enfant est un scientifique, disciple toutefois d'une science qui nous est aujourd'hui inconnue, beaucoup plus savant que l'épistémologie évolutionniste du XXe siècle n'est disposée à l'admettre[1].

Une position réaliste admet une réalité indépendante de nos croyances.

Il existe pourtant des théories dites *constructivistes* dans des domaines divers : en psychologie (Piaget, George Kelly, Humberto Maturana, Francesco Varela, Kurt Lewin), et dans la philosophie de la science (Ludwig Wittgenstein, Karl Popper, Paul Feyerabend) qui attribuent au scientifique et au philosophe un rôle fondamental dans la construction du monde. D'après le constructivisme, une connaissance objective de la réalité, indépendante de l'observateur, ne peut exister.

Un de plus grands philosophes contemporains, John R. Searle se pose le problème du *réalisme des faits*, soutenant que nous devons distinguer entre les *faits bruts* (par exemple la distance entre la Terre et le Soleil) et les faits institutionnels (par exemple le fait que Trump soit le Président des USA). D'après Searle, les faits bruts existent indépendamment de toute institution humaine, et sont établis à travers le langage, alors que les faits

1 Cf F. Perussia (1983).

institutionnels ont besoin des institutions humaines pour pouvoir exister. La position de Searle est celle du *réalisme externe*, comme il la définit lui-même ; le monde existe indépendamment de la représentation que nous en faisons et de notre propre conscience. Les représentations sont des créations humaines et arbitraires. La connaissance consiste à avoir des représentations vraies, grâce auxquelles nous pouvons donner des justifications ou des preuves.

Il est à noter que le réalisme de Searle ne dit pas comment sont les choses, mais dit qu'il y a un mode dans lequel elles sont. Par cela il réfute l'argumentation de la *relativité conceptuelle* contre le réalisme externe. L'idée de relativité conceptuelle (que Searle tient pour correcte) dit en substance, que toute catégorie, classification, représentation du monde est arbitraire. Et ce fait est invoqué par les détracteurs du réalisme, justement pour nier que les choses externes existent en soi. Mais le fait que toute représentation du monde puisse être arbitraire n'implique pas que le monde n'existe pas. Le fait que des schémas alternatifs permettent des descriptions différentes de la même réalité n'a pas d'effet sur la vérité du réalisme. Nous ne construisons pas de mondes, mais des descriptions du monde. Mais s'il n'y a pas de réalité qui existe indépendamment de notre système de concepts, il n'y a rien à quoi on puisse appliquer le concept lui-même.

Déjà dans le passé des philosophes ont émis des objections au réalisme. Par exemple les empiristes (George Berkeley, un des pères de l'empirisme anglais, soutient que *les objets sont des collections d'idées*). Présupposer une réalité externe pour eux signifie présupposer quelque chose d'inconnaissable. Mais l'empiriste David Hume a écrit que bien que nous n'ayons aucune base rationnelle pour croire en une réalité objective, nous n'avons d'autre choix que d'agir comme si elle existait.

Même le *noumène* de Kant se réfère à une réalité inconnaissable et indescriptible. Et la *chose en soi* n'est autre que ce à quoi se réfère le noumène. Souvenons-nous qu'Immanuel Kant trouvait scandaleux qu'il n'y ait même pas une preuve de l'existence de monde externe indépendamment de notre représentation de celui-ci. Kant admettait pourtant qu'existaient, au-delà des limites du sensible, des corps réels, qui touchant notre sensibilité, déterminent nos représentations phénoméniques. Mais puisque toute représentation subit inévitablement l'empreinte de l'appareil subjectif qui la reçoit, il se crée un fossé impossible à combler entre les apparences sensibles et la chose en soi ; cette dernière reste totalement inconnue et inatteignable (le noumène, précisément). C'est pourquoi Kant parlait d'*indécidabilité* à propos des catégories que nous utilisons pour expliquer la réalité, dans le sens que nous ne pouvons décider si nos catégories dont dictées par le réel ou bien lui sont imposées. Pour Kant, en effet, la réalité dont parle la science est toujours la réalité étudiée et recherchée à l'intérieur d'une théorie et donc l'objet de la connaissance peut être vu uniquement comme l'objet de la connaissance d'une discipline particulière (alors que de l'objet en soi on ne peut rien dire).

Searle, comme nous l'avons vu, est d'accord sur le fait qu'il existe un nombre infini de points de vue différents. Nous représentons la réalité selon notre point de vue particulier. En somme, on peut dire qu'il n'existe aucun concept de la réalité qui soit indépendant de la description ou des théories. Ce point de vue peut être appelé, comme le fait Stephen Hawking, *réalisme dépendant des modèles*[1]. Ce qui va au-delà de la dispute entre réalistes et anti réalistes. Selon cette conception, il est inutile de chercher si un modèle est réel, mais seulement se

1 S. Hawking (2011), p. 39.

demander s'il est en accord avec les observations. Si nous avons deux modèles en accord avec certaines observations, il ne nous est pas possible de dire que l'un soit plus réel que l'autre. D'après Searle, un des arguments forts en faveur du réalisme externe est précisément la convergence de la science. Le fait que des chercheurs différents, dans des lieux et des temps divers, arrivent aux mêmes résultats implique une réalité externe indépendante qui détermine cette convergence. En outre, toujours selon Searle, le réalisme est nécessaire même si c'est seulement pour considérer le problème de la convergence lui-même.

Une perspective sur le problème de la connaissance du monde objectif plus orientée vers la politique que vers la science nous est offerte par Hannah Arendt :

> Personne, seul et sans aide ne peut comprendre convenablement et dans sa pleine réalité tout ce qui est objectif, parce que ne lui est montrée et révélée toujours qu'une seule perspective, conforme et intrinsèque à sa position dans le monde. Si on veut voir et utiliser le monde comme il est réellement on ne peut le faire que si on considère quelque chose qui soit commun à beaucoup de gens, qui soit entre eux, qui les sépare et les unisse, qui se montre différemment à chacun et donc ne devienne compréhensible que si un grand nombre en parle ensemble et si s'échangent et se confrontent leurs opinions et perspectives. Ce n'est qu'à travers la liberté de dialoguer que nous apparaît ce monde dont on parle, dans son objectivité visible de tous côtés[1].

Revenons aux scientifiques, à propos de leur possible convergence vers une représentation du monde il faut pourtant rappeler de nouveau combien le propos est

1 Hannah Arendt (2011), p. 40.

complexe, car il est lié au processus des révolutions scientifiques qui font changer ces représentations, en modifiant le paradigme de référence. Changer une représentation du monde ne signifie pas, en effet, déduire simplement la nouvelle représentation de la convergence des résultats d'un groupe de chercheurs sur certains faits observés. Le processus est beaucoup plus articulé et se déroule (comme l'explique Thomas Kuhn) par le biais de véritables révolutions grâce auxquelles un paradigme est détruit pour qu'un nouveau se construise. Le paradigme est notre représentation du monde.

L'idée de Kuhn est que la *science normale* est caractérisée, de fait, par le consensus sur la validité des résultats qui jouent le rôle de paradigmes ou bien de modèles qui déterminent quels sont les problèmes non résolus et les méthodes pour les résoudre. La science normale qui se constitue sur cette base n'a pas pour but de produire de la nouveauté, mais cherche à résoudre des casse-tête (*puzzles*) dans le cadre des procédures reconnues. Elle étend la connaissance des faits en comparant ces faits avec la théorie et se propose d'articuler ultérieurement le paradigme au moyen d'expériences.

Il n'arrive pratiquement jamais qu'une théorie générale soit considérée n'étant pas valide et ensuite abandonnée par la seule confrontation directe avec les faits ou les observations. En réalité les grandes mutations des paradigmes ne peuvent se produire qu'avec l'invention de nouvelles théories, cela signifie qu'une théorie ayant rejoint le statut de paradigme est déclarée ne plus être valide seulement s'il existe une alternative disponible.

Kuhn nous dit, en substance que c'est l'invention de la représentation qui fait se développer la science, plus que la confrontation avec les *faits*.

Les idées qui arrivent au pouvoir, au statut de nouveau paradigme, modifient les habitudes de pensée, entamant les conceptions globales. Ces idées n'agissent pas seulement au niveau de l'intelligence, elles parviennent jusqu'aux couches plus profondes de l'esprit, jusqu'aux régions de l'inconscient, qui sont indifférentes aux contradictions logiques, comme nous le verrons dans les prochains chapitres.

Mais alors, que sont donc les faits, s'ils ne sont pas des collections d'idées ?

D'après Searle, les faits ne sont pas des entités linguistiques, mais des *conditions :* les conditions du monde qui satisfont aux conditions de vérité exprimées par les assertions. Un fait est uniquement défini comme ce en vertu de quoi une assertion est vraie. Le but d'une assertion est exactement celui de se servir de son propre contenu propositionnel pour refléter une réalité existante indépendante. Dans la mesure où les assertions réussissent ou échouent nous dirons respectivement qu'elles sont vraies ou fausses.

Nous construisons des modèles pour la science, mais nous en construisons aussi dans la vie courante. Ce type de réalisme (dépendant des modèles) peut être appliqué aussi à nos modèles mentaux, ceux que nous créons pour comprendre le monde quotidien.

Nous ne pouvons pas nous éliminer nous-mêmes, les observateurs, de notre perception du monde. Les perceptions sensorielles sur lesquelles se basent nos théories sont vues à travers un prisme : la structure interprétative de notre propre cerveau.

Donc, même si nous adhérons au réalisme externe, nous devons nous rendre compte que le scientifique, celui qui étudie la réalité, ne *dévoile* pas simplement la nature, mais qu'il la construit en partie en inventant[1] ses propres représentations selon son propre point de vue. Du point de vue scientifique, la construction de la représentation par un chercheur scientifique est certainement appuyée aussi par la convergence avec les autres chercheurs.[2] Mais puisque toute représentation subit inévitablement l'empreinte de l'appareil subjectif qui l'élabore, cette construction peut avoir une empreinte très personnelle, exactement comme celle d'une œuvre littéraire ou artistique.

Alors, cette empreinte personnelle existe certainement aussi dans les œuvres de Newton et Einstein, comme elle est évidente dans les œuvres de Shakespeare. Et nous pouvons penser que le *dévoilement* personnel que le scientifique fait de la nature soit analogue au dévoilement artistique de la profondeur de la nature humaine tel que le font les artistes.

---

1 L'*inventio* est la première des cinq parties de la rhétorique. Selon la définition de Cicéron « l'*inventio* est la découverte des arguments valides aux fins de rendre plausible sa cause ». Il y a deux conceptions diverses de l'inventio rhétorique : elle serait soit une simple découverte du préexistant ou alors création nouvelle. (cf. A. Cattani in *Linguaggio-Linguaggi, Invenzione-Scoperta* (2002) il Calamo, Roma).

2 La convergence de diverses pensées n'est pas nécessairement limitée au domaine scientifique, nous pourrions l'assimiler à ce que Socrate, dans le *Gorgias*, définit comme *homologie*.

## II. L'osmose entre images internes et externes

Il est vrai que les images que nous avons de la nature humaine et du monde extérieur sont des points de vue qui peuvent être soumis à des paradigmes tant littéraires que scientifiques. Et de plus ces deux images s'influencent mutuellement. L'image que nous nous faisons de nous-même, notre vision en tant qu'être humain est sûrement influencée par les concepts que nous avons vis-à-vis du monde qui nous entoure. Et vice versa. Le fait de prendre conscience de cette influence réciproque est, à mon avis, une des clés possibles permettant de dépasser les deux cultures.

Voyons quelques exemples.

Réfléchissons à combien la théorie héliocentrique de Copernic et ensuite de Galilée a pu être entravée par la vision religieuse de l'homme. Dieu doit envoyer le sauveur de l'homme sur la Terre. Donc la Terre doit être le centre de l'Univers. Que se passe-t-il si la Terre devient un banal petit composant d'un système héliocentrique ? Voilà l'aspect blasphématoire : ce n'est pas tant le fait que la Terre tourne, mais celui de penser que Dieu ait envoyé son fils en un lieu si secondaire.

L'idée héliocentrique modifia le régime de la pensée non tant parce qu'elle établissait les choses explicitement, « scientifiquement », mais par les bases sur lesquelles elle s'appuyait, qui, en conséquence, minaient les fondements de la philosophie médiévale. On notera que la nouvelle vision qui changea le monde, bien que se basant sur l'héliocentrisme copernicien, s'imposa un siècle après Copernic avec la reformulation de Kepler, qui fonda vraiment l'astronomie moderne en développant des fondements encore implicites contenus dans la théorie copernicienne, par exemple celui d'un espace infini et non plus limité par les sphères cristallines ptolémaïques. La notion d'un Univers illimité était implicitement contenue dans le système de Copernic, mais lui, conservateur, ultime aristotélicien et encore fortement lié à Ptolémée, préféra ne pas l'affronter.[1]

Et comment le nouveau concept d'Univers en évolution a-t-il changé notre vision de nous-mêmes ?

Avant la découverte de l'expansion de l'Univers, Einstein était convaincu que celui-ci devait être symétrique (à grande échelle) dans l'espace et dans le temps. Il pensait donc à un Univers statique, immuable dans le temps.

Avec les observations de l'astronome américain Edwin Hubble, on avait compris que l'Univers est formé d'un nombre considérable de galaxies. L'idée la plus intuitive pouvant venir à l'esprit est que l'Univers soit infini, que les galaxies y soient répandues en maintenant invariables leurs distances réciproques et que notre galaxie soit seulement une parmi d'autres, sans une position privilégiée dans cette mer infinie de galaxies.

En somme, il nous plairait de penser que l'Univers reste égal à lui-même dans le temps, qu'il a toujours existé et qu'il existera toujours.

Cette idée est non seulement intuitive mais aussi rassurante.

Et pourtant, Hubble démontra, en combinant les observations avec ses propres calculs, que les galaxies ne sont pas fixes, qu'elles ne gardent pas une distance réciproque constante mais qu'elles s'éloignent les unes des autres avec une vitesse d'autant plus grande qu'elles sont distantes. Mais alors, l'Univers ne reste pas égal à lui-

1 On trouvera un développement approfondi de ce passage philosophique et de l'histoire des représentations de l'Univers dans A. Koestler (2010).

même dans le temps : l'Univers se dilate comme la surface d'un ballon qu'on gonfle. L'Univers évolue, il a un âge ! Et donc, en plus, s'il a pu naître il pourrait mourir. C'est beaucoup moins rassurant, non ? Sans compter les nouvelles interrogations : qui l'a fait naître ? Que se passera-t-il quand il mourra ? Dans quoi a lieu son expansion ?

C'était si difficile d'accepter ces changements radicaux dans l'idée de l'Univers que certains astronomes (Hermann Bondi, Thomas Gold et Fred Hoyle) proposèrent en 1948 la théorie de l'Univers stationnaire. Théorie qui suppose que les galaxies s'éloignent (cette évidence des observations n'était pas niable) mais que l'Univers reste toujours égal à lui-même.

Et donc, le seul moyen de maintenir l'Univers en expansion stationnaire (c'est-à-dire toujours égal à lui-même) était de supposer qu'il se créait de la matière dans chaque point de l'Univers à un rythme permettant de compenser la dilution due à l'expansion : de cette façon la densité moyenne de l'Univers ne serait pas modifiée. C'est ainsi que pour éloigner le spectre d'un Univers qui change, qui a un âge, une vie et peut être une mort, ces scientifiques introduisaient une hypothèse encore plus difficile à soutenir : la création de la matière à partir de rien. Ceci est un bon exemple des *résistances* que les scientifiques peuvent développer en face de nouvelles théories ou de nouveaux modèles. Mais à la fin ce fut la théorie de l'Univers évolutif qui gagna. On trouva de nouvelles évidences expérimentales : la radiation de fond qui baigne l'Univers comme un *bain tiède* et qui fut expliquée comme étant un reste de la grande explosion initiale, et ensuite des évidences liées à la nucléosynthèse primordiale, c'est-à-dire aux éléments chimiques créés lors des toutes premières phases évolutives. Ces évidences ne pouvaient pas s'expliquer avec un modèle stationnaire.

Ce fut ainsi que, Einstein lui-même, qui avait pourtant tenté de *domestiquer* ses propres équations en ajoutant une constante arbitraire (la constante Lambda), accepta l'idée d'un Univers en évolution. Les scientifiques commencèrent alors à étudier en détail les solutions de ses équations qui décrivaient des univers en expansion[1].

Le nouveau paradigme, l'Univers en expansion, introduit de toute évidence un nouveau concept de temps et donc d'histoire. Nous autres humains faisons partie d'un Univers qui évolue, qui a une histoire qui n'est pas celle que raconte la Bible. Et le temps n'est plus le temps de Newton, qui s'écoule depuis toujours dans un monde homogène : le temps naît en même temps que l'espace dans la grande explosion initiale.

Donc, ce n'est plus le temps qui permet aux événements de se produire, mais un événement, le big bang, qui fait que le temps commence à exister ! Il y a une idée d'auto-création dans cette Cosmologie, celle d'un Univers qui se développe en se générant d'instant en instant. Et quelle nouvelle idée de l'homme construisons-nous dans un Univers qui n'est plus éternel et immobile, mais qui se crée lui-même et devient plus complexe chemin faisant ? Un nouvel humanisme naît, avec un homme lui aussi en évolution : un homme non absolu. Au fond l'homme lui aussi naît *incomplet* et se construit peu à peu, il se crée lui-même.

Le psychologue Francisco Varela[2] est en pleine syntonie avec cette idée d'auto création quand il propose

---

1 Arrivés à ce point, il peut être intéressant, vu que l'on parle des deux cultures, de citer une anticipation *littéraire* de l'idée d'un Univers évolutif. Nous la devons à Edgar Allan Poe, dans son poème en prose *Eurêka* (1848), dans lequel il théorise un Univers en évolution né d'une unique particule primitive. Voilà un cas (et ce n'est pas le seul) où l'imagination littéraire a précédé la créativité scientifique.

2 On verra plus avant la définition de *propriété émergente*.

l'*autopoïèse* comme phénomène émergent qui crée l'homme. Selon Varela, le moi existe parce qu'il m'offre une interface avec le monde. Je deviens moi-même à travers mes interactions avec l'extérieur.

La vieille idée (qu'on peut appeler cartésienne) de comment se forment les capacités cognitives dérive de la thèse qui dit que nous sommes parachutés dans un monde pré assigné, avec des caractéristiques qui sont spécifiées avant chacune de nos activités cognitives. Notre connaissance crée ensuite des représentations de ce monde pré assigné et agit en conséquence. Varela se demande si cette thèse est vraiment indubitable. Et surtout s'il est possible de l'abandonner sans tomber dans une espèce de subjectivisme ou de nihilisme destructif.

Nous pouvons penser que, au lieu de représenter un monde nous étant indépendant, nous produisons une représentation d'un monde inséparable de la structure incarnée (*embodied*) du système cognitif[1]. Une représentation qui ne peut donc faire abstraction du substrat biologique de notre corps et de son interaction avec le monde.

Le point de vue central de Varela est l'idée que la connaissance soit le résultat d'une interprétation qui se construit en émergeant de notre capacité à comprendre. Ces capacités ont leurs racines dans notre biologie et vivent d'expériences à l'intérieur des échanges avec les autres humains et de l'histoire de la culture.

En conséquence les signifiés proviennent d'expériences *incarnées*, mais de telles expériences ne restent pas privées, ou spécifiques à un seul individu, car la communauté dans laquelle il vit l'aide à les interpréter. Elles deviennent alors des modalités culturelles partagées, qui nous aident à comprendre le monde. Il en dérive que la pensée n'est pas un dispositif qui analyse l'input/output et

1 Cf. F. Varela et autres (1999).

traite l'information comme le fait un ordinateur, mais un réseau autonome de signifiés émergents.

Varela cherche à dépasser *l'anxiété cartésienne*[1], due à la recherche d'une réalité externe, un endroit de vérité absolue où tout est parfaitement clair et fondé. Quand ce besoin ne peut être satisfait, on ne doit pas se dire que les seules solutions sont le nihilisme et l'anarchie.

> L'évidence n'est jamais évidente, au moins au début ; l'indiscutable est toujours discuté, au moins au début. Cette façon de voir l'élaboration progressive des preuves et la recherche à tâtons de la vérité s'éloigne fortement du schéma habituel qui suppose une espèce de conflit entre les forces du vrai et celles des préjugés et des passions[2].

Albert Jacquard propose lui aussi l'idée d'un homme qui se crée par lui-même[3] : il pense à un homme qui naît incomplet et qui se construit peu à peu et qui, par le langage, acquiert la capacité de communiquer. D'après Jacquard c'est la capacité de se rencontrer et de communiquer qui rend humains les êtres. L'homme se construit en rencontrant les autres et doit construire les autres en se construisant lui-même. L'autopoïèse naît des rencontres avec les autres. L'humanité n'est pas simplement la somme de six milliards d'individus, mais la mise en commun de leurs espérances, de leurs doutes, de leurs angoisses. Cette mise en commun nous rend capables de performances (positives ou négatives) qu'en tant qu'individus nous ne pourrions accomplir. Pensons au

1 En réalité la définition de l'*anxiété cartésienne* est due à Richard Bernstein. On la trouve dans *Beyond Objectivism and Relativism : Science, Hermeneutics, and Praxis.* (1983), University of Pennsylvania Press

2 Latour (2010), p. 91.

3 A. Jacquard (2005) p. 36.

déclenchement des conflits entre peuples, aux révolutions, ou aux grands phénomènes de solidarité collective. Cette vision collective de l'humanité, d'un monde complexe qui s'auto-organise, trouve un équivalent dans la nouvelle physique des phénomènes coopératifs, dont nous parlerons dans le prochain chapitre.

L'image de l'homme et l'image du Cosmos s'influencent donc réciproquement. Mais, de cela nous devons déduire qu'il y a une osmose entre les deux cultures, celle qui décrit le monde (physique, biologie) et celle qui nous décrit nous-même (philosophie, littérature, art, psychologie). Les deux cultures ne sont pas imperméables l'une à l'autre, mais il y a une évidente dialectique entre elles.

Pendant des siècles la science a considéré les êtres humains très marginalement. Notre présence dans l'Univers a été décrite comme un cas sans signifié. La nouvelle physique et la nouvelle cosmologie paraissent offrir, par contre, un cadre différent, où conscience et intelligence sont considérées comme des caractéristiques fondamentales de l'Univers[1]. Cela veut dire éliminer un profond dualisme qui marque la science, selon lequel existent des lois universelles éternelles et des états contingents dépendants du temps[2]. Ce dualisme empêche tout lien direct entre les lois de l'Univers et l'émergence d'un état particulier de la matière (par exemple la vie, ou la pensée).

---

1 P. Davies (2012) p. 111.

2 On trouve une dialectique intéressante prenant en compte une possible correspondance (ou complémentarité) entre pensée et nature dans l'amitié entre le psychanalyste Carl Jung et le physicien théorique Wolfgang Pauli, qui donna lieu à d'intéressantes suggestions sur la synchronicité (ou coïncidences significatives) d'événements physiques et mentaux.

L'astrophysicien James Jeans affirme :

> Les concepts qui aujourd'hui s'affirment fondamentaux pour notre compréhension de la nature : espaces à quatre ou à sept dimensions, espace en expansion… événements ne pouvant être décrits parfaitement qu'en sortant de l'espace temps, tous ces concepts me paraissent être des structures de pensée pure, incapables de réalisations de quelque sorte pouvant être définies matérielles.

Et encore :

> … Il est aujourd'hui assez généralement reconnu, et d'une manière quasi unanime du côté de la science que le courant de la connaissance va vers une réalité non mécanique ; l'Univers commence à ressembler de plus en plus à une grande pensée plutôt qu'à une grande machine. L'esprit n'apparaît plus comme le grand intrus de la matière[1].

Le physicien théorique Carlo Rovelli, un bel exemple de penseur appartenant à la troisième culture, s'avance à dire ceci au sujet des résultats scientifiques :

> Même l'expression « scientifiquement prouvé » est une contradiction dans ses termes. Le noyau profond de la science est la conscience profonde que nous avons des idées fausses, des préjugés… […] La science n'est pas dans les données, ce qui est important dans une théorie ce n'est pas le contenu empirique. Les données servent à confirmer ou à infirmer une théorie, mais ce qui est intéressant c'est ce que la théorie nous dit du monde… […] par exemple la Relativité Générale est intéressante parce

1 James Jeans, cité dans Koestler (2010) p. 530.

qu'elle nous dit que, pour ce que nous en savons aujourd'hui, la meilleure façon de conceptualiser l'espace temps est de l'imaginer courbe[1].

Et que dire des mathématiques ?

Le philosophe de la science Karl Popper trouva une démarcation bien précise pour séparer les deux cultures : son principe de falsifiabilité. Mais les mathématiques, elles, ne sont pas sujettes à falsification, étant soumises à des contrôles sur leur cohérence interne, et cette cohérence parfaite a été mise profondément en crise par les théorèmes de Gödel[2]. Le mathématicien René Thom dit :

> Les mathématiques peuvent être considérées comme une matière introspective, une sorte d'auto-analyse de l'esprit.
> [...] la recherche scientifique peut être considérée comme une espèce de *dévoilement* de structures qui existent déjà en nous-même ; une espèce de psychanalyse[3].

Les mathématiques, encore plus que les autres sciences, peuvent être assimilées à une création artistique. Et, en effet, Odifreddi suggère que ce sont les mathématiques qui

---

1 C. Rovelli, *Science is not about certainty* in Edge (www.edge.org) 30/5/2012.

2 Dans la logique mathématique, les théorèmes d'incomplétude sont deux théorèmes démontrés par Kurt Gödel en 1931. Ils font partie des *théorèmes limitatifs* qui précisent les propriétés que les systèmes formels ne peuvent avoir. Pour simplifier on peut les énoncer ainsi : *Aucun système cohérent ne peut être utilisé pour démontrer sa propre cohérence.* Un autre énoncé possible de l'incomplétude des mathématiques peut être exprimé sous cette forme : *il existe des énoncés mathématiques indécidables, c'est-à-dire dont aucune procédure systématique ne peut déterminer la vérité ou l'erreur.*

3 Cf. R. Thom (2010), p. 120.

peuvent être le principe unificateur entre les deux cultures, le corps calleux unissant les deux hémisphères[1]. Il soutient, en fait, que

> par leur symbolisme hautement raréfié et leur capacité de condensation, les mathématiques jouent dans la science un rôle analogue à celui de la poésie dans l'humanisme[2].

C'est de ce *corps calleux* que l'on pourrait délivrer la troisième culture, la synthèse dialectique des deux.

Souvenons-nous que, pour Galilée, les mathématiques sont le langage dans lequel est écrit le grand livre de la nature[3]. Les pythagoriciens voulaient mathématiser la nature. La nature est quelque chose d'immobile et éternel. Il suffisait d'en extraire la structure secrète, que les hommes entrevoyaient, devinaient, comme les esclaves de la caverne de Platon. Pour passer de l'intuition, des ombres, à la clarté des lois, il fallait les mathématiques (au fronton de l'académie de Platon était écrit : *Nul n'entre ici qui ne connaisse la géométrie*). Pour les pythagoriciens, tout est nombre, rapport numérique et musical. La nature est musique. La force de la vision pythagoricienne est dans son caractère unifiant, elle réunit religion et science, mathématiques et musique, médecine et cosmologie, le corps et l'esprit. En établissant que la hauteur d'une note

---

1 P. Odifreddi in C.P. Snow (2005), p.135.

2 P. Odifreddi, op. cit., p.134.

3 « La philosophie est écrite dans ce grandissime livre qui reste continuellement ouvert devant nos yeux (je parle de l'univers), mais qu'on ne peut comprendre qu'après avoir appris à comprendre la langue et reconnaître les caractères dans lesquels il est écrit. Il est écrit dans la langue des mathématiques et ses caractères sont les triangles, les cercles et les autres figures mathématiques, sans lesquelles il est impossible aux humains d'en entendre les paroles ; sans lesquelles nous errerions en vain dans un labyrinthe obscur » (Galilée, *Il Saggiatore,* Ch. VI).

dépend de la longueur de la corde, les pythagoriciens relièrent pour la première fois qualité et quantité : ce fut le premier pas vers la mathématisation de l'expérience, et donc le début de la science. Les nombres étaient sacrés, ils étaient l'essence de la nature. Les rapports entre les nombres, qui créaient la gamme musicale, étaient éternels, tout le reste était périssable. La projection de ces concepts sur les astres créa la doctrine de l'*harmonie des sphères*.

La superposition des deux systèmes : pensée et rythme musical (métrique) est, d'après Marcel Proust[1] un élément essentiel de la complexité ordonnée, de ce qui est beau, en somme. Cette superposition peut être utile à la musique comme à la science. Dans les sciences naturelles, les rythmes périodiques sous-jacents aux phénomènes de l'expérience ont un rôle important. Les pythagoriciens considéraient l'Univers comme une énorme boîte à musique. Le rêve pythagoricien d'une harmonie musicale qui régit le mouvement des astres n'a jamais perdu son attrait. Kepler (1571-1630) eut l'idée de sa troisième loi, celle qui donna à Newton les indices les plus précieux pour la formulation de la gravité universelle, en se basant sur les rapports musicaux. Et pour sa théorie cosmologique, il se réfère au cosmos des pythagoriciens, un Cosmos éternel, pour toujours égal à lui-même.

1 M. Proust, *Le côté de Guermantes.*

## III. La troisième culture

Le nom de *troisième culture* apparaît, comme nous l'avons vu, dans une édition successive du livre de Snow. Dans cette nouvelle édition la troisième culture est attendue comme quelque chose pouvant remplir le vide de communication entre littéraires et scientifiques.

John Brokman, dans l'introduction à son livre *The third culture* (1994) fait sienne l'expression *troisième culture* en précisant toutefois que ce n'est pas celle définie par Snow et en expliquant que les scientifiques n'ont pas, en fait, entamé le dialogue escompté avec les littéraires, et que les littéraires ne se sont pas rapprochés des scientifiques pour communiquer. Les scientifiques se sont tournés directement vers le public en ouvrant un canal de *divulgation* de la science, qui leur permet d'exprimer leurs pensées profondes et leurs théories raffinées d'une manière compréhensible à des gens non spécialistes. Dans ce processus, la science est devenue une culture publique. Des sujets scientifiques d'avant-garde comme la biologie moléculaire, la théorie du chaos, l'intelligence artificielle, la cosmologie inflationnaire et beaucoup d'autres encore, trouvent un écho dans les journaux quotidiens et entrent dans la vie de chacun. L'intellectuel de la troisième culture comprend que la communication de sa science est importante et fait partie de son rôle. D'après Leo Smolin[1], toutefois, les scientifiques de la troisième culture ne sont pas seulement un groupe d'académiciens parlant au grand public. Cet effort pour communiquer leurs idées au public et aux scientifiques des autres matières les rend semblables aux anciens philosophes de la nature, ceux des temps où les deux cultures n'étaient pas encore séparées.

---

1 L. Smolin, *A theory of the Whole Universe.* In J. Brockman (1996).

Pensons à l'*Encyclopédie* de Diderot et D'Alembert, qui fut le résultat d'une collaboration entre un littéraire et un scientifique.

On assiste ainsi à la renaissance de la philosophie naturelle, mais fondée sur une vision du monde différente de celle du XVII$^{e}$ siècle. Une vision du monde fondée sur la complexité. Un monde complexe qui s'auto-organise, dans lequel les propriétés ne sont plus absolues mais relationnelles : comme les propriétés absolues d'espace et de temps newtonien qui ont disparu pour laisser la place à un espace qui est en relation (interagit) avec la matière et le temps, un monde où les notions d'espèces absolues en biologie n'ont plus de sens. Et cette complexité du monde qui s'auto-organise nous dirige vers une nouvelle idée unifiée d'homme et de nature qui dépasse les dichotomies culturelles :

> Pendant longtemps les scientifiques furent appelés philosophes de la nature, en tant qu'héritiers d'une tradition argumentative vieille de deux mille ans qui avait su unir les ressources de la rhétorique à toutes les exigences de la démonstration[1]

nous dit Bruno Latour dans son livre *Cogitamus*, dont le titre est déjà un programme en soi : remplacer le *cogito* du *cogito ergo sum* cartésien par le pluriel *cogitamu*s, suggérant ainsi le caractère collectif de la nouvelle culture, qu'il appelle *humanisme scientifique.*

Comme nous le disions plus haut, l'homme se crée lui-même au travers des relations. L'Univers s'autocrée, mais notre monde terrestre lui aussi s'auto-organise sous une forme complexe dérivant de processus coopératifs. Les phénomènes coopératifs sont ceux qui ne se réduisent pas à la somme de phénomènes individuels. En physique, ils

---

1 B. Latour (2010), p. 117.

sont caractérisés par l'interaction d'un grand nombre de particules. Ces interactions s'étendent sur des distances énormément plus grandes que le rayon d'action habituel des particules isolées. Plus généralement, ce sont des phénomènes dans lesquels chaque individu de l'ensemble *sait* en quelque sorte ce que font les autres, comme si les éléments du système pouvaient communiquer entre eux. Quand on passe de phénomènes qui sont simplement la somme de contributions isolées à ce type de phénomènes survient une transformation que les physiciens appellent transition de phase. Ces processus peuvent être considérés comme reliant la physique et la biologie. Les phénomènes cohérents ou coopératifs opèrent en fait une sorte d'auto-organisation, comme il en existe en biologie.

Du point de vue thermodynamique, les phénomènes coopératifs ont lieu loin de l'équilibre : il faut utiliser la thermodynamique non linéaire (pour des états loin de l'équilibre il n'y a plus de relations linéaires entre les flux et les forces qui se développent dans le système). C'est ce qui se produit par exemple lors de l'émission stimulée du laser, qui est une structure maintenue loin de l'équilibre par une source d'énergie externe. Dans le laser une petite fluctuation qui déclenche la chute d'un électron, stimule la chute à l'unisson de très nombreux autres électrons et donc une émission cohérente (de la même longueur d'onde et en phase) produite par ces sauts énergétiques coordonnés. La radiation laser est un phénomène coopératif.

Autre exemple, les ondes de densité, constituantes des galaxies, sont dotées de cohérence, ce sont des ondes coopératives[1]. C'est comme si les étoiles étaient informées de ce que font les autres, par l'intermédiaire de l'attraction gravitationnelle réciproque et coopéraient, de la même façon que les spectateurs organisant une *ola* dans un

1 Cf A. Curir, (2014), p. 83.

stade : chacun est concerné par ce que font les autres, du comportement de ses voisins on déduit ce que l'on doit faire et quand. Il s'agit bien d'un phénomène coopératif.

La gravité réciproque met les étoiles en relation, celles-ci produisent une gigantesque *ola* en forme de spirale : si nous diminuons l'autogravitation dans les modèles numériques décrivant ces structures, les étoiles *ne se parlent plus* à travers l'attraction gravitationnelle réciproque, les structures du disque disparaissent, le disque devient homogène, privé des spirales caractéristiques nées de la cohérence. C'est comme si la coopération entre les étoiles rendait le disque moins anonyme, avec des caractéristiques spéciales, uniques, structurées sur sa surface. La théorie des phénomènes coopératifs regroupe de nombreux phénomènes divers de la physique et de la biologie, comme une métathéorie. C'est une clé de lecture importante de l'apparition des structures dans la nature.

Cette liaison/communication entre les constituants élémentaires au moyen des forces de la nature (les champs gravitationnels, magnétiques ou chimiques), en créant de la cohérence, leur confère un rôle actif d'auto-organisation et pas seulement le comportement passif de qui est soumis à la seule force. Le phénomène coopératif fait naître l'ordre du désordre, la structure de ce qui est indifférencié, la vie de la pré-vie. Les frontières de la physique moderne sont au nombre de trois : infiniment petit, infiniment grand et infiniment complexe. Les systèmes complexes, toutefois cessent d'être compliqués lorsqu'ils adoptent un comportement cohérent, impliquant une organisation collective.

C'est en présence des phénomènes coopératifs (ou cohérents) que nous trouvons ces propriétés des systèmes appelées *propriétés émergentes*. Par exemple, le magnétisme est une propriété émergente, de même que le laser. Dans ce type de physique, l'approche linéaire et réductionniste (selon laquelle le comportement d'un système peut être interprété en étudiant les comportements de chacune des particules le composant) n'a plus de sens[1]. L'apparition de structures ordonnées grâce aux phénomènes coopératifs peut être vue comme une rupture de symétrie. En fait, plus un système est privé de caractéristiques structurelles, plus il est *symétrique* : chaque élément d'un système totalement symétrique est équivalent à un autre, il n'y a pas de lieu ou de direction particulier ou privilégié. Par contre, les structures (bras des disques des galaxies, vagues dans les océans, magnétisation de matériaux qui, suite à la transition de phase, ont les spins des atomes orientés dans la même direction générant ainsi un champ magnétique collectif) cassent cette uniformité et donc la symétrie.

Plus de réductionnisme, donc, mais *émergence* (au sens de propriétés qui émergent). Un *système complexe* est un système composé d'un grand nombre d'éléments interagissant entre eux dont la dynamique qui en dérive est différente de celle de ses constituants et ne peut être déduite de la connaissance de la dynamique de chacun d'entre eux. En cela, la notion de complexité n'est pas caractéristique d'une seule culture, elle apparaît partout : de la physique, où nous la retrouvons dans la capacité de la matière à réorganiser l'information pour faire émerger des propriétés diverses, à la biologie, où nous voyons apparaître toutes les propriétés marquantes des systèmes biologiques, dans l'économie et dans les sciences de l'information et de la communication.

---

1 James Lovelock a proposé de considérer notre Terre comme un super organisme vivant qui s'auto-organise avec des processus d'autorégulation qui sont des propriétés émergentes (voir Lovelock (2000), *The ages of Gaïa, a biography of our living earth*, Oxford University Press).

Aux dires de Sorin Salomon[1], un des pères de la théorie des systèmes complexes, à l'intérieur de cette théorie, la chimie naît de la physique, la biologie (la vie) de la chimie, la conscience (et l'intelligence) de la vie, la conscience sociale (et donc la société) de la conscience individuelle.

Ces considérations nous font comprendre que la nouvelle théorie des systèmes complexes est un des fondements de la troisième culture, étant donné son caractère intrinsèque, transversal et interdisciplinaire.[2]

Dans la troisième culture qui se dessine, la philosophie et la biologie ne sont plus si éloignées : on cherche, par exemple les bases biologiques des représentations religieuses, les explications des faits et des phénomènes peuvent provenir de disciplines diverses et converger, telle la physique moderne qui a cessé d'être rigoureusement galiléenne, solidement liée à l'expérience de laboratoire.

Je voudrais mettre l'accent sur le fait que la troisième culture devrait intégrer aussi un aspect caché (ou nié) des scientifiques : l'émotion. C'est là un des éléments unificateurs entre art et science. L'émotion générée par la stupeur face à la découverte de la nature ou face à la découverte de nos sentiments profonds est la même, c'est la pulsion qui génère le langage et l'art, les images qui

---

1 S. Solomon, Europhysics News (2003) Vol. 34 No. 2.

2 Un récent essai intéressant de Mauro Cerutti, *La fine dell'omniscienza,* explique combien est importante aujourd'hui une éducation à la complexité, une capacité à reconnaître les problèmes fondamentaux et globaux, de même, il est important de faire prendre conscience que toutes les recherches scientifiques ont des conséquences sociales, culturelles et politiques. D'après Cerutti la nouvelle dimension du savoir fait que celui-ci ne doit plus se développer dans des espaces isolés, mais par intersections entre des espaces divers à travers un système de relations.

s'assemblent pour former un modèle scientifique, un poème ou un signifié psychanalytique.

Umberto Eco, lui aussi, de son point de vue de sémiologue a senti la négativité de la fracture qui sépare les signes liés aux discours émotifs de ceux liés à des affirmations vérifiables. Il situe la formation de cette fracture au niveau sémantique dans la naissance du néopositivisme contemporain :

> Les résultats du néopositivisme ont été féconds pour les sciences exactes mais décevants (et même dangereux) pour les sciences humaines. Subdiviser nettement l'activité signique entre discours assertifs et émotifs, entre affirmations vérifiables et pseudo-affirmations, entre discours de communication et discours de pure expression émotive a fait que le premier pôle de cette opposition soit toujours privilégié par rapport à l'autre. De cette manière était jugé comme instrument accrédité de communication cet usage des signes absolument univoques qui se vérifie si rarement dans la vie des hommes et seulement dans l'enceinte des laboratoires, tandis qu'était discrédité le discours quotidien, le discours de la politique, de la persuasion, de l'opinion… [1]

À propos de l'émotion chez le scientifique, il faut ouvrir une petite parenthèse ; en fait depuis le temps de Snow, Kuhn, Pauli et de nombreux autres philosophes et scientifiques dont les opinions seront citées dans ce livre et qui viendront pour partie soutenir nos thèses, beaucoup de choses ont changé dans la science et les émotions qui lui sont reliées.

---

1 U. Eco (1992), p. 134.

En fait, avec l'arrivée de la *Big Science*, qui demande des machines coûteuses, des équipes des spécialistes, des financements importants, on peut penser que l'émotion liée à un résultat scientifique soit diluée, le résultat étant partagé par une équipe nombreuse. Cette dilution est évidente si on parle de grandes expériences internationales, elle l'est moins quand il s'agit de la construction de modèles théoriques. Dans tous les cas il faut avoir à l'esprit les grandes transformations, même émotionnelles, que la Big Science a provoquées dans la communauté scientifique. En particulier il faut bien penser à combien la recherche de financements et le lien possible entre ceux-ci et le prestige politique des pays peut influer aussi sur le choix des problèmes scientifiques à résoudre.

Je voudrais faire, à ce moment, une considération sur la bipolarité sous-jacente au discours sur les deux cultures. Pensons à tant d'autres bipolarités en nous : masculin-féminin, esprit-corps, rationalité-affectivité, nature-culture et toutes les ambivalences de notre esprit. Imaginons qu'il soit possible de dépasser ces dichotomies pour arriver à un niveau supérieur de conscience chez l'homme et de dignité pour l'humanité. Le dépassement de ces bipolarités mènerait à une culture et une civilité nouvelle, où l'histoire de l'homme aurait l'opportunité de perdre son caractère destructif.

Citons Gloria Origgi :

> Il se peut qu'avec la globalisation et la fin de la société patriarcale, certains points charnières de la lecture bivalente de l'identité sociale et de l'intime commencent à se gripper et à montrer leurs limites. Il n'y a peut-être aucune nécessité d'être masculin ou féminin, ni d'être seul ou en couple. Des distinctions d'*essence* peuvent devenir, dans une perspective nouvelle, des distinctions de *degré*. Il se pourrait que l'ouverture progressive de catégories

> qui nous semblent si fondamentales porte progressivement à un véritable changement de la société, au sens propre, une société d'une nature différente, transgressant les limites de la bivalence. Être dedans ou rester en dehors de tous ces oui et ces non qui nous définissent socialement est une des plus grandes causes de mal-être, de contradiction interne et d'ambivalence en nous tous. Peut-être qu'une société, non ambivalente mais *post-bivalente* [...] nous aiderait à vivre les formes complexes de la vie que nous traversons non comme des compromis ou des transgressions, mais comme des façons de laisser s'exprimer de nouvelles catégories sociales allant au-delà de la logique du *oui* ou du *non*[1].

L'anthropologue Claude Lévi Strauss analyse avec extrême respect et acuité les différences entre la pensée *sauvage* et la pensée *scientifique* (ou éduquée, cultivée) soutenant entre autres sa thèse, qu'il n'y a pas de supériorité de l'une sur l'autre. Il est pourtant encore dans une vision dichotomique (ou de contraposition), qui à son époque était du reste inévitable.

D'après Lévi Strauss, la pensée sauvage n'a pas de buts pratiques et n'est pas développée en vue d'un résultat comme la pensée scientifique, elle a en priorité le but d'introduire un principe d'ordre dans l'Univers. La pensée sauvage ne distingue pas le moment de l'observation de celui de l'interprétation. Les signes émis et perçus produisent immédiatement leur signifié. La pensée sauvage est atemporelle : elle saisit le monde comme un tout. C'est une connaissance incarnée, douée pourtant de sa propre logique. Les propriétés accessibles à la pensée sauvage ne sont pas celles auxquelles se consacrent les

---

1 Gloria Origgi, de *Identità di genere, la fine dell'ambivalenza,* Blog du *Fatto quotidiano*, 19 septembre 2012.

scientifiques. Ces derniers ont une attitude totalement abstraite quand ils abordent le monde sensible, alors que la pensée sauvage a une attitude fortement concrète.

Lévi Strauss situe l'art à moitié chemin entre la connaissance scientifique et la pensée sauvage qui crée les mythes. Il voit dans la création des mythes et dans l'art l'attitude du bricoleur intellectuel qui élabore des structures en utilisant des événements ou des restes d'événements. Le scientifique, lui, d'après Lévi Strauss, crée ses résultats sous la forme d'événements, grâce à ses propres structures (hypothèses, théories). Le scientifique interroge l'Univers entier alors que le bricoleur se tourne vers une récolte de restes d'œuvres humaines.

Ils sont tous les deux à la recherche de messages, mais pour le bricoleur ce sont des messages pré-transmis.

Ce point de vue très intéressant est toutefois lié à une vision profondément positiviste de la science (l'anthropologue ne citant pas par hasard plusieurs fois Auguste Comte, fondateur du positivisme, dans ses textes, comme exemple d'homme de science).

Il est bien évident que quand Lévi Strauss exprime l'idée du scientifique qui crée ses résultats sous forme d'événements, il va en réalité à l'encontre de la vision contemporaine de la science et encore plus de celle d'un scientifique de la troisième culture. La création scientifique n'est pas dans la production d'événements, de données issues des observations, c'est dans la production des théories qu'on la trouve. Et donc cette opposition entre artiste bricoleur et scientifique n'est plus soutenable. Le scientifique peut même, à bon droit, être vu comme un bricoleur, car il utilise les restes d'œuvres humaines, des concepts, les vieux concepts, pour créer de nouvelles théories.

Dans l'article déjà cité de Carlo Rovelli, *Science is not about certainty*, Rovelli dit que, en réalité ce ne sont pas vraiment les théories qui doivent être mises à l'épreuve, mais les concepts de notre sens commun qui doivent être changés, dans une révolution scientifique[1].

Ces concepts alimentent notre vision du monde, c'est celle-ci qui doit être modifiée, modifiant notre structure conceptuelle. On utilise donc les vieux morceaux, mais ils prennent une nouvelle signification. Exactement comme dans le bricolage ou la création artistique qui nous fait voir de vieilles images d'une façon nouvelle. Utiliser un concept (ou un objet) des vieilles associations mentales pour le voir dans un contexte nouveau est l'essentiel du processus créatif. C'est création et destruction en même temps. Ce processus demande donc un retour à la perception innocente, libre des conditionnements culturels préexistants, et donc une perception dans laquelle le moment de l'observation n'est pas distinct de celui de l'interprétation, une perception où le signe produit immédiatement le signifié. Ce qui implique, en réalité, un retour à la pensée primitive, la pensée sauvage, qui réunit intuition artistique et scientifique.

La pensée créative est porteuse de développements qui, par définition, ne sont pas contenus dans les prémisses, alors que c'est le cas dans la pensée logico-causale.

L'inventeur, le créateur scientifique découvre (ou choisit) des structures de relations entre des éléments déjà connus et que personne ne voyait jusqu'à maintenant. Tout comme le poète ou le peintre qui voient dans un nuage

---

1 Par exemple Albert Einstein formula sa théorie de la relativité restreinte en partant du fait que la mesure du temps mis par un signal lumineux pour parcourir une certaine distance dépend de l'observateur qui effectue la mesure. Il en déduisit que le concept de temps ne peut être absolu, c'est-à-dire qu'on ne peut pas assigner à chaque événement un temps sur lequel tous les observateurs soient d'accord.

(inconscient) des images que personne n'avait remarquées. Et tout ça n'a rien à voir avec le fait de mettre ensemble des données ou avec la façon d'organiser ces données.

D'après Silvano Arieti :

> Pour une bonne partie il [le processus créatif] consiste en mécanismes mentaux antiques, dépassés et primitifs […] il prévaut dans les rêves et dans certaines maladies mentales C'est dans la combinaison avec les mécanismes du processus secondaire[1] que ces formes primitives de cognition, généralement limitées à des états anormaux ou à des processus inconscients, deviennent des forces innovatrices. […] Au lieu de refuser ce qui est primitif, l'esprit créatif l'intègre dans des processus logiques normaux dans ce qui apparaît comme une synthèse magique d'où émerge la nouveauté, l'inattendu et le souhaitable[2].

Voilà la nouvelle vision de la science, celle qui rapproche création artistique et scientifique, celle de la troisième culture.

Le grand mathématicien Jacques Hadamard écrit ainsi :

> […] aucune découverte importante, ni invention ne peut exister sans volonté de la trouver. Dans le cas de Poincaré *[dans sa description de l'invention mathématique]* nous voyons quelque chose d'autre,

---

1 En psychologie psychodynamique on distingue processus primaire et secondaire, désignant comme primaire celui caractéristique de la pensée encore infantile, du Moi immature, et comme processus secondaire ce qui émerge du primaire à travers la confrontation avec la réalité et qui est caractéristique du Moi mature. La pensée secondaire est notre mode de pensée ordinaire et conscient. Arieti (1976) parle d'un processus tertiaire pour décrire la combinaison particulière des mécanismes primaires et secondaires liée à la pensée créative.

2 Arieti (1976) p.12, cité dans Perussia (2003), p. 131.

> puisque l'intervention de la beauté joue un rôle indispensable comme moyen heuristique. Nous sommes arrivés ainsi à une double conclusion : que l'invention est un choix et que ce choix est gouverné de manière impérative par le sens de la beauté[1]

Citons Albert Einstein, dans une de ses réflexions profondément introspectives qu'il écrivit à Hadamard :

> Il ne me semble pas que les mots ou le langage écrit ou parlé aient un quelconque rôle dans le mécanisme de ma pensée. Les entités psychiques qui semblent servir d'éléments de pensée sont plutôt quelques signes et images plus ou moins clairs qui peuvent être reproduits et combinés volontairement. Bien sûr il subsiste une relation de quelque type entre ces éléments et les concepts logiques pertinents [...] mais, du point de vue psychologique, ce jeu combinatoire semble être le trait caractéristique de la pensée productive, avant qu'il y ait une quelconque connexion avec la construction logique en mots ou dans d'autres signes pouvant être communiqués à d'autres. Ces éléments susmentionnés sont, dans mon cas, du type visuel et parfois musculaire[2].

1 Cf. J. Hadamard (1945) p.31, cité dans Penrose (1998), p. 532.
2 A. Einstein à Hadamard (1954).

## IV. Derrière le texte : le sous-entendu et l'émergence de la sensibilité dans la science

Constantin Stanislavski disait que la signification d'une œuvre était toute derrière le texte, dans le sous-entendu. Il se référait au théâtre, à la dramaturgie. Selon Felice Perussia[1] c'est ce sous-entendu qui fait le pont entre psychologie et théâtre, mais le sous-entendu est une dimension présente depuis toujours chez le poète (et dans chacun de nous) sous forme germinale et inexprimée. Ionesco, lui, soutient que : *l'artiste croyait inventer. En réalité il n'inventait pas, il découvrait …* parce que, en créant un monde, en l'inventant, le créateur le découvre. Grâce à cela, nous rapprochons l'invention, la création et la découverte : l'art et la science. Qui sont à la fois dévoilement et construction.

Ce fut avec Descartes que le monde objectif fut drastiquement séparé du monde subjectif. Descartes se méfiait de l'intervention de l'imagination et voulait l'éliminer complètement de la science. Descartes avait 46 ans à la mort de Galilée. Il fut fortement influencé par la pensée galiléenne ainsi que par le philosophe anglais Francis Bacon, qui soutenait que la nature était régie par des lois que l'homme pouvait découvrir. Cette idée, associée à la conviction galiléenne que le langage de ces lois était un langage mathématique, porta Descartes à imaginer un monde utopique dans lequel une science universelle basée sur des lois mathématiques aurait mené l'homme au bonheur par le contrôle de la nature.

La distinction cartésienne entre ce qui est considéré naturel et ce qui est pensé comme culturel n'est pas absolue, il existe d'autres sociétés humaines où cette distinction n'existe pas. Avec la division cartésienne

1 F. Perussia (2003) p. 8.

l'homme devient le *maître* de la nature, qui n'est plus vue comme un tout, mais comme un système fait de pièces démontables. Le monde animé, les correspondances avec la nature qui étaient possibles à la Renaissance doivent être éliminées pour laisser place à une mathématisation du monde. Cette culture, que Felice Perussia appelle *seconditive*, en opposition à la *primitive*, dans laquelle cette division cartésienne n'a pas lieu, tend à s'occuper seule du monde objectif[1]. Apparaît ainsi un processus de redéfinition de l'Univers en deux réalités, par lequel les choses existent dans leur monde et les pensées ont aussi leur propre monde. Seule la matière (la *rex extensa* définie par Descartes) peut interagir avec la matière. En conséquence, à la base de la connaissance scientifique il doit y avoir les objets (microscopes, lunettes astronomiques, réactifs chimiques…) pour lire et interpréter les objets. Le rapport au monde n'est pas direct mais passe de plus en plus par les machines (et là on voit se préparer le grand tournant de la révolution industrielle). On détermine une dévaluation de la disposition de l'homme à lire directement la réalité (sentiment, contemplation, adoration, prière…) en faveur de sa capacité à la contrôler et à la modifier.

La division cartésienne nous pousse donc vers le texte en nous faisant oublier ce qui est derrière. La caractéristique du scientifique cartésien est celle d'ignorer le sous-entendu.

L'*Encyclopédie, des sciences, des arts et des métiers*, parue en 1751, est une des œuvres fondamentales de la science moderne. L'ordre des articles y est alphabétique et

1 Le moment où se vérifie la séparation conceptuelle entre primitif et seconditif coïncidence probablement avec la naissance du texte, c'est-à-dire avec l'écriture. Ce qui permet d'enregistrer, donc de réaliser des produits qui se confondent avec les essences, de séparer le faire du regarder faire ; (Cf. Perussia (2003), p.106).

non thématique, en fort contraste avec les Encyclopédies de la Renaissance.

Diderot déclare :

> Il y a d'abord un ordre général, celui qui distingue ce dictionnaire de tout autre ouvrage […]. nous ne dirons qu'une seule chose de cet enchaînement considéré par rapport à toute la matière encyclopédique : c'est qu'il n'est pas possible à l'architecte du génie le plus fécond d'introduire autant de variété dans la construction d'un grand édifice, dans la décoration de ses façades dans la combinaison de ses ordres, en un mot dans toutes les parties de sa distribution, que l'ordre encyclopédique en admet. Il peut être formé, soit en rapportant nos diverses connaissances aux diverses facultés de notre âme (c'est ce système que nous avons suivi), soit en les rapportant aux êtres qu'elles ont pour objet […] On peut diviser la science générale ou en science de choses et en science des lignes, ou en science des concrets ou en science des abstraits. Les deux causes plus générales, l'art et la nature, donnent aussi une belle et grande distribution. On en rencontrera d'autres dans la distinction ou du physique ou du moral, de l'existant ou du possible, du matériel et du spirituel, du réel et de l'intelligible. Tout ce que nous savons ne découle-t-il pas de l'usage de nos sens et de celui de notre raison ? n'est-il pas naturel ou révélé. Ne sont-ce pas ou des mots ou des choses ou des faits ; Il est donc impossible de bannir l'arbitraire de cette grande distribution première […] L'Univers, soit réel, soit intelligible a une infinité de points de vue sous lesquels il peut être représenté et le nombre de

> systèmes possibles de la connaissance humaine est aussi grand que celui des points de vue[1]

En substance, l'avantage de l'ordre alphabétique adopté par l'Encyclopédie est de ne pas fixer les divers objets des matières d'une façon systématique. C'est un ordre lié à l'état actuel de nos connaissances, et il permet de nouveaux ajouts au fur et à mesure de la progression de celles-ci.

Dans le discours préliminaire des éditeurs (écrit principalement par Jean-Baptiste d'Alembert), on peut lire :

> Rien n'est plus incontestable que l'existence de nos sensations… Pourquoi supposer que nous ayons d'avance des notions purement intellectuelles, si nous n'avons besoin pour les former que de réfléchir sur nos sensations ? [2] Toutes nos connaissances directes se réduisent à celles que nous recevons par les sens ; d'où il s'ensuit que c'est à nos sensations que nous devons toutes nos idées[3].

On voit dans ces affirmations une forte influence des empiristes anglais.

Cette défense de la connaissance basée sur les sensations portait implicitement à substituer l'épistémologie de John Locke et son idée fonctionnaliste de la conscience, à celle de Descartes. Voltaire lui-même (plus tourné vers la culture empiriste anglaise et Newton que vers la science française) jugea le *Discours préliminaire de l'Encyclopédie* supérieur au *Discours de*

---

1 Dans la dernière phrase de Diderot nous reconnaissons un point de vue identique à celui de Searle sur les représentations du réel.

2 Diderot et D'Alembert (1751).

3 D'Alembert *Discours préliminaire* (1751), ii.

*la Méthode* (Descartes, en fait, était surtout critiqué, car il soutenait que les idées étaient innées).

La solution fonctionnaliste proposée par Locke au problème du dualisme introduit par Descartes entre *res cogitans* et *res extensa*, était très innovante. Dans son essai *Human understanding*, il dépasse le problème en soutenant qu'il n'est pas important de discuter de savoir si ce qui est pensant est l'âme ou le cerveau, mais qu'il est important de comprendre ce qui fait la pensée. En outre Locke résolut le problème de l'identité de l'individu à travers la continuité de sa conscience, une fonction purement psychologique. Les perceptions d'aujourd'hui et celles d'hier se réfèrent toutes au même moi, défini par la continuité de la conscience (et de la mémoire). Les perceptions/sensations construisent donc aussi la connaissance de soi-même, de son moi.

Leibniz, dans son *Discours de métaphysique* (1676), propose par contre une reprise de l'idée substantialiste de la pensée. Le monde est constitué par une pluralité de substances spirituelles et les animaux ont, eux aussi, une âme, mais à la différence de l'esprit humain ils n'ont pas d'auto-conscience, ils ne peuvent connaître les vérités universelles ni avoir de qualités morales. L'identité est fondée sur l'auto-conscience, mais pour Leibniz il n'y a pas que l'identité psychologique et celle substantielle, il parle du support du témoignage concordant des autres venant consolider notre identité substantielle. Leibniz introduit une importante distinction dans nos perceptions, qui peuvent être conscientes (aperception) ou non conscientes et va jusqu'à supposer une identité de mémoire inconsciente, une continuité inconsciente du soi.

Les techniques expérimentales du dix-septième siècle, basées sur les instruments, donnent forme aux ressources interprétatives de la philosophie de la nature. Une philosophie qui, avec les aménagements apportés par les empiristes anglais, surtout par Locke, ouvre la voie à une pluralité de modèles explicatifs, suggérés par ce que nous pouvons faire avec des instruments divers. Le *dévoilement* de la nature comme objet unitaire était loin à ce moment-là, et laissait le champ à un grand nombre d'approches interprétatives, liées aux moyens matériels utilisés.

Il faut pourtant dire que parmi les diverses approches explicatives, ce qui prédomina au XVIIIe fut la mécanique rationnelle, qui fut adoptée en tant que paradigme de base pour l'étude des phénomènes naturels[1] (D'Alembert, *Traité de Dynamique*). Le traité de dynamique de D'Alembert s'occupe des effets des mouvements et des collisions, sans nier l'existence des causes, mais en n'en faisant pas l'objet fondamental. Par exemple, au sujet des causes liées à la gravitation, D'Alembert soutenait que nul ne savait rien sur la vraie nature de celle-ci, et que donc on ne pouvait en étudier que les effets.

Et D'Alembert établit une liste de jugements que nous pouvons exprimer sur la connaissance : *évidence, certitude, probabilité, sentiment et goût.* En particulier le sentiment peut être de deux types : le premier, destiné aux vérités morales, se nomme conscience et peut aussi être appelé *évidence du cœur.* Le second type de sentiment concerne la *beauté d'expression.* Il perçoit avec transport les beautés sublimes et stupéfiantes de la nature[2].

L'*Hydrodynamique* de Bernoulli, les *Principia* de Newton, la reformulation de la dynamique newtonienne due à Euler (*Theoria motuum planetarum et cometarum*), Laplace et Lagrange (*Mécanique Céleste*) sont les piliers du paradigme mécanicien rationnel.

Toutefois le rêve des mécaniciens, expliquer toute la nature par la mécanique rationnelle commença à sombrer

---

1 S. Graukoger (2010) p. 306.

2 D'Alembert *Discours préliminaire de l'Encyclopédie.*

avec les études d'optique de Newton, avec les progrès importants de la mécanique céleste, dérivant des développements de la théorie de la probabilité des erreurs. Avec l'étude de ces probabilités, l'astronome était en mesure d'estimer la valeur la plus probable à partir d'une série de différentes observations d'un astre. Donc, plus de trajectoires précises dérivées de la gravitation et de la dynamique, mais des mesures probabilistes.

En outre se développait une théorie de la matière, qui se concentrait sur les propriétés physiques des objets et était en dehors du Mécanisme. Mais elle manquait de la structure systématique requise pour un paradigme.

À partir de la seconde moitié du XVIII^e^, dans les travaux de Diderot, la sensibilité, les sensations (objets de culture *primitive*) devinrent un élément de la dimension esthétique et morale[1], en formant également une des bases des relations de l'homme avec le monde physique. Dans les *Éléments de physiologie*, publiés en 1778, Diderot utilisa un modèle unitaire d'organisme pour démontrer qu'il peut y avoir une unité du sujet sans devoir recourir à l'idée de l'âme. De plus, dans *Le rêve de D'Alembert* (1769), qui peut être considéré comme le point d'arrivée de sa conception matérialiste du monde, Diderot imagine l'existence d'une sensibilité universelle de la matière : les particules qui constituent les corps possèdent, outre les qualités d'extension et d'impénétrabilité, une sensibilité propre. L'hypothèse de Diderot est que la nature soit composée d'une matière organique vivante, perpétuellement en mouvement, en développement évolutif continuel. En outre Diderot exprimait des idées politiques (que l'on retrouve dans certains articles de l'Encyclopédie rédigés par ses soins : *Autorité politique* et *Droit naturel*) qui découlaient de son hypothèse que les hommes sont des êtres sociaux et raisonnables par nature

---

1 S. Graukoger (2010) p. 390.

(hypothèse commune à d'autres penseurs à cette époque). Il s'opposait ainsi au droit de sanction divine, privilège de la monarchie et entra en conflit avec les institutions gouvernant la France, conflit qui fut la cause de la censure de l'Encyclopédie, lors de sa parution.

Entre temps, Jean-Jacques Rousseau passait de la biologie à la politique avec son *Contrat Social* (1762), où il montrait qu'un ensemble de volontés individuelles peut se transformer en volonté collective. Là aussi, dans les textes de Rousseau, la notion de sensibilité devint un des fondements de la philosophie morale et politique.

Les bases importantes de la prise en compte du rôle de la sensibilité dans la compréhension du monde avaient été jetées par Hume. D'après lui, comprendre le monde ne dépend pas uniquement de la raison. La compréhension, selon Hume est faite d'un mélange d'activité propositionnelle et non-propositionnelle[1]. À la demande fondamentale qu'il se pose : peut-on comprendre complètement le monde et notre place dans celui-ci uniquement à partir de la raison, Hume répond par la négative.

D'après l'empirisme rigoureux de Hume, l'ensemble de la connaissance provient principalement des perceptions de nos sens et notre esprit lui-même est une espèce de théâtre où les perceptions apparaissent, passent, et se mélangent, dans une transformation continuelle… jusqu'à nier l'existence du moi. Le moi pourrait être une illusion, quelque chose que nous inventons de par notre inclination naturelle à nous penser simples et identiques (la position de Hume est voisine de celles de penseurs contemporains comme Dennet).

Au milieu des années 1700 on en arrive à une fragmentation de la connaissance liée à la fin du Mécanisme comme paradigme absolu. Elle implique une

1 Hume (1739).

fragmentation de la réalité du monde et permet le développement du processus rapprochant de la nature des disciplines traditionnellement humanistiques. Dans l'Illuminisme, l'opposition entre les deux cultures ne se sent pas encore beaucoup. D'Alembert déclare au début du Discours Préliminaire :

> Pour peu qu'on ait réfléchi sur la liaison que les découvertes ont entre elles, il est facile de s'apercevoir que les sciences et les arts se prêtent mutuellement des secours et qu'il y a par conséquent une chaîne qui les unit[1].

Et, plus loin, il rajoute :

> L'imagination dans un géomètre qui crée n'agit pas moins que dans un poète qui invente.

L'opposition entre littéraires et scientifiques deviendra forte avec le romantisme du XIX^e et, comme nous l'avons déjà dit, la révolution industrielle[2].

Georges-Louis Leclerc, comte de Buffon est un des scientifiques qui dédia sa vie à une nouvelle vision de la science dépassant radicalement le Mécanisme en vigueur dans la première moitié du XVIII^e. Il considère que les organismes vivants ne sont pas simplement une forme d'organisation de matière non vitale mais tend à introduire l'idée que chaque élément d'un objet vivant est

---

1 D'Alembert, *Discours Préliminaire.*

2 Il faut toutefois remarquer que même pendant la période romantique, la sensibilité devient quelque chose d'important pour les scientifiques de la nature. On peut penser à Fechner, précurseur de la psychologie expérimentale moderne, qui revendiquait une dimension psychique pour la vie végétale. Il attribuait en fait à la vie végétative un vrai ressenti, un sentiment, destiné à exprimer cet élément dionysiaque typique qu'on retrouve souvent dans le Romantisme (voir *Nanna o L'anima delle piante,* de G. T. Fechner, Adelphi (2008).

homologue au tout et ne peut être réduit à des composés inorganiques. Dans l'*Histoire Naturelle* (1749) il suggère une continuité entre monde animal et végétal. Il ne nie pas que la mécanique puisse définir certaines qualités fondamentales de la matière, mais ne voit pas de raison pour que celles-ci soient les seules qualités fondamentales. De plus, il prend le contre-pied de la vision de Descartes, qui cherchait à encadrer les processus dans un Mécanisme atemporel. Buffon, lui, part des processus de développement des phénomènes (par exemple les comètes ou l'origine du système solaire) pour construire une philosophie de la nature. Il est possible de reconstruire l'histoire passée (par exemple celle du système solaire) à partir de ce que nous observons aujourd'hui. L'histoire et le temps acquièrent un rôle nouveau dans la vision des phénomènes naturels.

Buffon pensait que les animaux et les plantes étaient composés d'un genre de matière *active*, soutenant que le fait d'être vivant et animé n'est pas un degré métaphysique de l'être mais une propriété physique de la matière.

Le modèle de Buffon pour comprendre l'homme et la nature dépasse définitivement le modèle micro-réductif du Mécanisme dans sa conception des mouvements collectifs comme quelque chose de différent du comportement réparti entre tous les participants.

Nous trouvons là en germe le paradigme des systèmes complexes qui expliquent la nouvelle physique, mais aussi la nouvelle psychologie, paradigme au sein duquel esprit et nature se rapprochent à nouveau.

## V. La mutation létale

Dans cette troisième culture naissante, le mélange entre les matières humanistiques et les sciences fait qu'on peut chercher les bases biologiques des phénomènes naturels et les aspects darwiniens de notre histoire. Le biologiste allemand Ernst Mayr (1904-2005), un des plus grands spécialistes de l'évolution animale, nous fournit un bel exemple des aspects darwiniens de l'histoire, à travers une inquiétante prévision faite il y a quelques années. Il soutient en effet que l'intelligence est une mutation létale[1].

Une *mutation génétique* est définie comme n'importe quelle modification stable et héritable du matériel génétique. Une mutation létale, au sens évolutif, est une mutation qui ne permet pas à l'individu d'arriver à un âge où il peut se reproduire ou qui l'empêche de se reproduire. Une mutation, en somme, qui mène à l'extinction de l'espèce.

On trouve également dans les théories de l'évolution la notion de succès biologique : une espèce a eu du succès biologique quand il y a de très nombreux représentants de cette espèce sur la terre. On peut noter que, si on regarde les dizaines de milliards d'espèces dans l'histoire du monde, celles qui ont eu du succès sont celles qui mutent très rapidement, comme les bactéries, ou celles qui ont une niche écologique, comme les cafards.

On peut considérer la culture comme étant la niche écologique de l'homme, car c'est par la culture que l'espèce humaine crée une relation avec son habitat. De nombreux anthropologues expliquent le succès évolutif de l'espèce humaine sur les autres hominidés parce que ceux-

---

1 Cité par Noam Chomsky. *Qui possède le monde ?* Conférence tenue à l'Université du Massachusetts, à Amherst le 27/09/2012.

ci ne possédaient pas les possibilités et les avantages de la culture[1].

Mais la nature létale de la mutation qui a porté à notre apparition sur la terre est bien plus évidente si on considère la destruction que nous infligeons à la planète que nous habitons. Il devient difficile d'être en désaccord avec Mayr : l'usage que nous faisons de notre intelligence est létal pour nous-mêmes.

Noam Chomsky nous fait noter que le programme d'études sur le changement climatique du MIT (Massachusetts Institute of Technology) enquête depuis des années sur les conséquences à long terme des émissions qui retiennent la chaleur dans l'atmosphère. Les scientifiques ont, depuis des années, lancé des avertissements sur la gravité des conséquences sur le climat et, de manière répétée, il a été prouvé qu'ils avaient raison. Les gouvernements n'ont pourtant pas réagi tout de suite pour limiter les émissions des gaz de serre. Au contraire, la réponse a été de programmer l'exploitation des minéraux nouvellement rendus accessibles dans l'Arctique, et les forages pour chercher de nouveaux gisements de pétrole. Ce qui équivaut à accélérer la catastrophe. Cela

> est très intéressant, *dit Chomsky,* et démontre une volonté extraordinaire de sacrifier la vie de nos enfants et petits-enfants en faveur de gains à court terme, ou alors montre une volonté également notable de fermer les yeux pour ne pas voir le péril imminent – choses qui se rencontrent parfois chez les jeunes enfants : quelque chose me fait peur, alors je ferme les yeux pour ne pas la regarder. Il y a une autre possibilité, j'entends dire que peut-être les êtres humains sont en quelque sorte en train de

---

1 AA. VV. (1993) *Paleantologia e preistoria, Enciclopedia tematica aperta,* Jaka Book, Milano.

> chercher à réaliser la prévision d'un grand biologiste américain récemment disparu, Ernst Mayr. Il soutenait, il y a des années que l'intelligence est une mutation létale[1].

La conférence de Paris sur le climat s'est conclue le 11 décembre 2015 par un accord historique qui limite à 1,5 degré l'augmentation de la température globale jusqu'en 2020. Cela peut sembler un premier pas timide pour limiter les dommages dus au comportement irresponsable dont parle Chomsky : un changement, en direction de l'auto conservation, à l'opposé du caractère létal de notre intelligence. Il ne faut toutefois pas négliger les nombreuses critiques sur cet accord de la part d'activistes, intellectuels et scientifiques tels que James Hansen, Naomi Klein, George Morbiot. Leur critique la plus importante vient du fait que l'accord porte essentiellement sur la limitation des émissions dues à la combustion des énergies fossiles, mais ne limite pas la capacité de production de ces combustibles, ce qui est quelque peu paradoxal. Autres points de critique : l'absence de sanctions prévues pour qui ne respecte pas l'accord et l'absence d'une taxation forte sur les émissions elles-mêmes. L'idée d'arriver à un comportement protecteur vers les générations futures et d'empêcher les comportements égoïstes et avides à brève échéance en devant utiliser la coercition (par des taxes et des sanctions) en dit long, au plan psychologique, sur le peu de confiance qu'on peut encore avoir sur les puissants de cette planète. À tel point que le président Donald Trump a annoncé le 1er juin 2017 une sortie des États-Unis de l'accord de Paris sur le climat. Le président tient ainsi une des promesses de sa campagne, au nom de la défense des emplois américains.

---

1 Noam Chomsky, *Qui possède le monde ?*

> Afin de remplir mon devoir solennel de protection de l'Amérique et de ses citoyens, les États-Unis se retireront de l'accord de Paris sur le climat [....] Je ne peux pas, en conscience, soutenir un accord qui punit les États-Unis [...]. J'ai été élu pour représenter les habitants de Pittsburgh, pas de Paris.

a-t-il insisté. La décision de Trump est beaucoup plus qu'un manifeste politique. C'est la dernière trahison, après les projets de réforme sanitaire et fiscale, de la partie plus faible de ses électeurs. Une récente étude du très sérieux magazine Science a dévoilé que ceux qui paieront le plus les effets du réchauffement du climat seront les régions les plus pauvres du Texas, Kansas, Virginia et Floride, là où Trump a obtenu le plus de votes.

La bataille contre le réchauffement global n'est pas seulement culturelle ou écologique. Il s'agit aussi d'une bataille économique.

Un des auteurs de l'article paru sur Science, Solomon Hsiang de l'université de Berkeley, dit que :

> Si on continue sur cette route on assistera au plus grand transfert de bien-être des pauvres aux riches dans l'histoire des États-Unis[1].

À l'intérieur de ce débat, le comportement le plus intéressant est celui du Bhoutan, dont le gouvernement paraît montrer une intelligence produisant un salubre instinct de conservation au lieu d'un instinct létal[2]. Le Bhoutan déclara en 2009 vouloir rester *carbon neutral* ; le pays est déjà neutre quant à ses émissions de $CO_2$ grâce à

---

1 Science, 30 juin 2017, vol 356, p. 1362.

2 Le Bhoutan est le seul pays au monde à mesurer son propre bien-être avec un indice du Bonheur Intérieur brut à la place du Produit Intérieur Brut. C'est le bien-être des habitants qui guide les politiques gouvernementales.

ses énormes surfaces de forêts qui absorbent largement les émissions produites. Mais rester neutre dans l'avenir n'est pas facile et implique un engagement, maintenir les forêts intactes et trouver des moyens de croissance économique qui soient neutres vis-à-vis des émissions de $CO_2$.

Wilfred Bion est un psychologue qui s'est concentré sur la naissance de la pensée chez l'être humain et sur la théorie de la connaissance. De ses théories se déduit, en revanche que

> La pensée peut être considérée comme la forme la plus évoluée de l'instinct de conservation[1].

Pour comprendre la théorie bionienne de la pensée, nous devons partir de son concept de *préconception.* La préconception est le précurseur de la conception, c'est une prédisposition à former une pensée. D'après Bion, il existe déjà en nous une préconception à la naissance, celle du sein maternel. Quand la mère répond au besoin du nourrisson et lui donne à manger, alors existe la possibilité d'accéder à une conception. On rejoint la conception (la pensée) lorsque l'expérience réelle se marie à la préconception.

Durant la période de temps entre le besoin de nourriture du bébé et l'arrivée du sein, le besoin non satisfait génère frustration et douleur mentale. La capacité de tolérer cette douleur est le fondement de l'équilibre émotif et de la santé mentale, c'est aussi la base des premières pensées : la capacité de pensée est liée à la capacité de tolérer la frustration ; *la pensée naît de l'absence d'une satisfaction désirée*[2]. La fonction maternelle est essentiellement une fonction de croissance, elle aide l'enfant à faire un examen de la réalité, à entrer en contact avec la frustration et à la

---

1 Cf. A. Meotti (1981), p. 422.
2 Cf. Bion (2003), p. 70.

tolérer : c'est une fonction de médiation entre le besoin de l'enfant et la frustration de la réalité.

Bion met ainsi en lumière l'interaction entre ce qui est inné et ce qui vient de l'expérience, entre imagination et réalité, entre frustration et satisfaction.

Dans ses œuvres tardives, Bion se posera le problème de savoir ce qu'est la *vérité* et la définira comme une *pensée sans penseur*[1]. La pensée non pensée, – en d'autres termes, un contenu sans contenant, une idée sans forme, des indices n'ayant pas été traités, – peut coexister avec le penseur sans être en contact avec lui.

D'après Bion la capacité de penser dérive d'une série d'expériences de contact favorable avec un objet duquel l'enfant se sent suffisamment aimé et qui pense à lui (la mère ou la personne qui s'occupe de lui), qui contient nourriture et pensée : les pensées que le bébé ne peut encore penser et qui peuvent lui être introjectées. Le bébé absorbe les premières pensées un peu comme il absorbe le lait maternel et peut ainsi, par identification, être capable de contenir des pensées, et dans celles-ci la pensée de la mère.

Certaines qualités sont déterminantes chez l'enfant pour parvenir à un résultat satisfaisant de l'ensemble du processus. C'est surtout la capacité de s'abandonner à la relation avec la mère, de construire en soi l'espérance et la confiance au cours des expériences positives et grâce à elles. Espérance et confiance sont les éléments constitutifs de la capacité à tolérer la frustration et donc de penser à la

1 Bion retient que pour qu'il y ait mensonge, il doit obligatoirement y avoir un penseur, alors que la pensée vraie n'a pas besoin d'un penseur qui la pense. En outre selon Bion, la capacité de l'être humain à tolérer la vérité en ce qui le concerne est limitée, l'esprit étant toujours prêt à créer des mensonges pour s'opposer à cette douleur.

mère (représentée symboliquement par le sein) absente. La possibilité de penser, alors, ne dépend pas, mécaniquement, des seules variables innées, mais du développement d'une relation qui lui permet de se développer d'une manière plus ou moins grande. La pensée intelligente, selon cette hypothèse, naît de l'amour objectuel dérivé de l'amour narcissique, l'instinct de conservation fait partie de cet amour narcissique.

Il est aisé de comprendre les considérations de Bion d'une manière simple. Le nourrisson, exposé à l'impact de la réalité externe et à l'anxiété provoquée par la nouveauté de l'environnement dans lequel il se trouve tout seul, est en proie à une angoisse sans nom, qui pourrait détruire ses facultés mentales. L'idée de sa mère qui va venir le nourrir et l'entourer de ses bras, donc le *contenir* (le rôle des contenants est fondamental dans les théories de Bion, mais nous ne l'approfondirons pas ici) est la seule pensée qu'il peut formuler à ce moment-là et c'est cette pensée qui peut contenir son angoisse, et empêcher la destruction. Cette pensée est donc utile à sa propre conservation. C'est la première abstraction qu'il fait dans sa vie. Sa mère n'est pas là, elle n'est pas encore arrivée près de lui, mais il pense déjà, il a une idée, l'idée de la mère (ou du sein, pour suivre l'acception de Bion). Sa première idée abstraite lui permet de supporter l'angoisse de se sentir seul dans un monde inconnu. Son intelligence, sa pensée, sa capacité de former une idée naît donc de son instinct de conservation. Sa première idée est comme le radeau auquel s'agrippe le naufragé pour sauver sa vie.

Alors comment se peut-il que cette pensée intelligente, qui se forme à l'origine pour sa survie va évoluer pour devenir une mutation létale pour l'homme ?

Dante appelait notre monde une *aire qui nous rend féroces*[1]. Il nous offrait avec cette image le paradoxe

---

1 Dante Alighieri, *La Divine Comédie,* Paradis, XXII, 151.

poétique d'une Terre comparable à un splendide jardin à la végétation accueillante, dans laquelle pourtant les habitants, pour quelque motif obscur, deviennent *féroces*, agressifs les uns envers les autres. Partant de là, on en arrive facilement à l'idée de la mutation létale. Létale parce que notre intelligence non seulement ne freine pas l'agressivité aveugle liée aux convictions religieuses, à la soif de pouvoir, aux aspirations dominatrices entre peuples, mais ne nous met même pas à l'abri de la destruction de notre environnement naturel. On dirait que notre intelligence s'exerce d'une façon terriblement raffinée pour construire une technologie qui, ensuite, nous mène à la destruction de la planète et à l'élimination de l'autre avec des armes toujours plus sophistiquées. Et notre intelligence ne fait pas de critiques, ne pose pas de limites à ces forces destructrices.

Nous devons donc comprendre pourquoi cette pensée, qui naît comme la forme la plus évoluée d'autoconservation, se modifie et devient la forme la plus raffinée de destruction et d'autodestruction.

Albert Jacquard, qui pense que la particularité de l'être humain est la rencontre, soutient aussi toutefois, que la société occidentale, la société dominante, a pris un mauvais pli parce que son moteur actuel, la compétition cause un effet destructif sur les rencontres.

> Elle crée un réflexe stupide et destructeur. Chaque fois que je rencontre un autre, je le regarde en me disant que je suis meilleur que lui[...] et si par hasard il est plus que moi, alors je lutte contre lui, j'essaie d'être compétitif[1].

Notre société est basée sur cette idée, qui est considérée comme *libérale*, qui apporte le progrès, mais qui en réalité

1 Jacquard (2005), p. 47.

mène à la destruction de l'humanité. Le triomphe des principes libéraux s'est en fait rapidement transformé en une suprématie du libéralisme financier des banques et des multinationales, qui vise uniquement à accumuler les profits à court terme.

D'après Jacquard la priorité devrait être aujourd'hui d'enseigner aux enfants, dès leur plus jeune âge, à ne pas chercher la compétition, à voir chez l'autre non pas la supériorité ou l'infériorité mais les différences, et considérer celles-ci comme une richesse.

## VI. La pensée divisante

Cette expression est due au psychologue Ignacio Matte Blanco, qui appelait ainsi les processus de pensée consciente, qui sont gouvernés par le principe aristotélicien de contradiction. La pensée divisante *sépare*, divise en effet une proposition « a » de sa négation (ou « a » est vraie ou c'est « non-a »). C'est-à-dire qu'il n'y a pas de symétrie entre une proposition et sa négation.

Matte Blanco fait un usage important et dense des *classes d'équivalence*[1], un instrument mathématique très puissant qui a permis de reformuler la théorie des nombres cardinaux d'une façon simple et rigoureuse. Matte Blanco l'utilise pour expliquer la structure de l'Inconscient, qu'il considère comme un énorme réservoir d'ensembles infinis dotés d'une logique symétrique, au lieu de la logique asymétrique aristotélicienne, qui préside à notre pensée rationnelle consciente. La logique symétrique n'est pas soumise au principe de contradiction.

Il définit l'Inconscient en substituant au règne freudien de l'illogique un univers structuré d'après deux principes

---

1 Une classe d'équivalence est un ensemble d'éléments caractérisés par une relation d'équivalence les liant. Une relation R entre deux éléments a et b est une relation d'équivalence si et seulement si : elle est réflexive : aRa, symétrique : aRb-->bRa et transitive : aRb et bRc -->aRc. Avoir le même âge est un exemple de relation d'équivalence. La classe d'équivalence identifiée par cette relation est l'ensemble des gens qui ont le même âge, mais peut également être identifiée d'une manière abstraite avec le concept d'âge lui-même (quelque chose d'un peu analogue à la *quidditas* aristotélicienne). Le nombre 4 peut être vu, par exemple, comme la classe d'équivalence de tous les ensembles possibles ayant 4 éléments.

fondamentaux : le principe de *généralisation* et celui de *symétrie*[1].

Le premier principe traite chaque chose individuelle comme appartenant à une classe plus générale (ce qui est très semblable justement à une classe d'équivalence mathématique : rappelons-nous que les relations d'équivalence sont dotées de la propriété de symétrie). Le second traite la relation inverse de n'importe quelle relation comme si elle était identique à la relation elle-même et il découle de cela que l'inconscient établit l'identité entre le tout et la partie. Cette propriété est typique des ensembles infinis en mathématiques : il existe une bijection entre l'ensemble infini et une de ses parties[2].

D'après Matte Blanco, dans l'inconscient chaque relation est symétrique, le principe de contradiction aristotélicien ne s'applique pas, et la succession temporelle, la flèche du temps, n'existe pas : tout se déroule dans un scenario de simultanéité. Chose que Freud avait déjà mise en évidence à propos des propriétés du rêve :

> Le rêve, *dit en fait Freud,* dépasse ouvertement la catégorie logique d'opposition et contradiction. Le concept de *non* n'existe pas dans le rêve, qui aime unifier les contraires ou les représenter comme une unité. En outre le rêve prend la liberté de représenter

---

1 Cf. I Matte Blanco (2000), p. 43-45.

2 Cette propriété se reconnaît facilement avec cet exemple. L'ensemble infini des nombres pairs est un sous-ensemble des nombres entiers. Il peut pourtant être mis en correspondance biunivoque avec l'ensemble des nombres entiers qui le contient à travers la relation : n<-->2n qui fait correspondre à chaque nombre son double (c'est-à-dire un nombre pair). Cette bijection entre un ensemble et une de ses parties n'est pas possible dans le cas d'un ensemble fini d'éléments (par exemple, si on a 10 nombres entiers, on ne peut pas le mettre en correspondance biunivoque avec le sous-ensemble de 5 nombres pairs).

chaque entité émotive avec son contraire, et pour cela on ne sait jamais si une entité réversible est représentée dans le rêve avec le signe plus ou le signe moins[1].

Si le principe de contradiction est transgressé, il n'est plus vrai de dire qu'une proposition et sa négation ne peuvent coexister dans une symétrie réciproque. Matte Blanco exprime la double nature de l'homme d'une façon complètement nouvelle : la collaboration et le conflit entre dimension consciente et inconsciente. On peut, en fait, ressentir ce qui est symétrique mais pas le penser (parce que notre pensée est dominée par la logique aristotélicienne et notre être conscient par la perception de la flèche du temps). On peut seulement en devenir conscient en mode asymétrique.

L'aspect indivisible de notre être psychique, lorsqu'il est canalisé et nourri par la pensée divisante de la logique, donne lieu à des structures bi-logiques qui nous permettent d'étudier les niveaux profonds de notre inconscient. Les structures bi-logiques expriment la présence à la fois de la logique classique et de celle symétrique, des idées cartésiennes *claires et distinctes* (séparées) et des symboles aux dimensions infinies qui résident dans l'inconscient[2].

La perception et la connaissance sont fondées sur la séparation, ou en d'autres termes, sur les relations de type asymétrique. Sans asymétrie, nous ne sommes pas

---

1 Cité dans Koestler (2011), p. 185.

2 Il est intéressant de noter que pour D'Alembert la logique était considérée comme un art, *l'art de la manière même d'acquérir les connaissances, et de celle de se communiquer réciproquement les propres pensées* (D'Alembert (1750) op. cit.). en fait, pour lui, *on peut donner le nom d'Art à tout système de connaissance qu'il est permis de réduire à des règles positives, invariables et indépendantes du caprice ou de l'opinion.*

capables de percevoir quoi que ce soit, parce que c'est en différenciant que nous apprenons à déchiffrer le monde. La symétrie pure, comme le prétend Matte Blanco, n'est pas compatible avec la pensée consciente si elle n'est pas combinée à l'asymétrie (précisément dans la bi-logique).

Dans les premiers mois de sa vie l'enfant n'est même pas capable de séparer le Soi du monde extérieur, et en conséquence n'est pas en mesure de percevoir un objet unique comme tel. La conscience de soi, comme l'a dit Bion, est un processus qui demande des conflits émotifs, qui naît avec la perception d'un premier objet différencié du Soi. Ce premier objet reconnu est en général le sein, première source de vie, de désir et de frustration.

Matte Blanco aboutit à l'idée de cognition émotionnelle, indissolublement liée à la logique de l'inconscient. L'impossibilité de traduire nos émotions en quelque chose de logique, d'après lui, dérive du fait que l'émotion est une structure bi-logique, c'est-à-dire une construction mixte de logique classique et de logique symétrique. Les discours logiques sont un contenant inadapté pour les émotions, et pour ce motif, pour décrire ces émotions il faut recourir au langage de l'art.

Et donc, pour une cognition qui soit aussi émotionnelle, c'est-à-dire pour reconnaître la valeur cognitive de l'émotion, nous devons dépasser la pensée divisante, la pensée aristotélicienne, cartésienne. Nous devons assurer la bi-logique pour comprendre la formation de nos pensées. Le fait d'en avoir conscience peut nous indiquer la voie vers la troisième culture.

Le paléontologue G. G. Simpson dit :

> Les scientifiques tolèrent le doute et la défaite, parce qu'ils ne peuvent pas faire autrement. Mais la seule chose qu'ils ne peuvent pas tolérer c'est le désordre. La science pure a pour seul but de porter à son point le plus haut et le plus conscient la réduction de ce

mode chaotique de percevoir, né à un niveau inférieur et probablement inconscient, aux origines mêmes de la vie[1].

1 G.G. Simpson (1961) p. 5.

## VII. La structuration de la personnalité

Nous avons déjà vu comment Bion pense que se forment les premières pensées. Mais comment s'organisent ensuite les pensées plus évoluées ? Comment s'organise la personnalité lors de la croissance de l'enfant et ensuite chez l'adulte ?

Une des découvertes les plus récentes de la psychologie moderne est la construction intersubjective de la conscience de soi. La connaissance de soi-même au niveau corporel et successivement au niveau des émotions, du langage et de la pensée signifie, depuis le début du processus, connaître un autre avec qui on est en relation[1]. L'idée d'un soi autonome, qui existe indépendamment, avant la perception de l'autre est réfutée sur des bases scientifiques.

Dès les premiers mois de la vie une disposition primaire se met à agir pour reconnaître que l'autre a une pensée, et de là dérive la possibilité de reconnaître en soi l'action de penser (selon les psychologues évolutionnistes, cette disposition serait un module cérébral inné, fruit des processus de l'évolution par lesquels est née notre espèce).

D'après le cognitivisme moderne, la progression de la connaissance de nous- mêmes est assimilable au travail du scientifique : elle procède par conjectures et réfutations. C'est surtout la découverte de l'erreur, la réfutation qui suit la conjecture qui mène au progrès de la connaissance scientifique, comme l'a expliqué Popper[2]. Dans la formation de la connaissance de nous-mêmes, les réfutations des conjectures sur qui nous sommes et sur ce

---

1 Voir par exemple G. Airenti (2003), *Intersoggettività e teoria della mente*, Bollatti Boringhieri, Torino.

2 Cf. K. Popper (2007).

que nous devons attendre des autres ont, là aussi, plus de valeurs que les confirmations.

L'observation des primates semble exclure que ceux-ci aient cette tendance innée à partager les expériences et les intentions qui caractérise les jeunes enfants. Les primates sont capables de planifier leurs actions, mais ce qui distingue les singes des enfants ce sont les motivations. Les singes interagissent uniquement pour suivre leurs propres plans, ils n'ont pas cette tendance à partager les expériences et les émotions[1]. L'imitation est le mécanisme de base par lequel les jeunes enfants apprennent à distinguer les personnes des choses. Elle est un mécanisme primaire de l'apprentissage et elle est donc à la base de la culture. Vittorio Gallese (2003) met en évidence dans ses études, comment l'objet principal de l'imitation infantile est le comportement affectif de l'autre, comment l'esprit commence à exister comme esprit partagé.

Le cerveau du nouveau-né réussit déjà à construire des plans moteurs (pour organiser les mouvements) déclenchés par les sensations proprioceptives (les sensations qui nous informent des mouvements de notre propre corps) qui conduisent à l'imitation précoce (qu'on observe déjà chez les nouveau-nés). On peut dire que ces plans moteurs représentent le premier point de rencontre entre le physique et le mental. L'imitation se base, en fait, sur la capacité de l'enfant à enregistrer l'analogie entre les modifications du corps qu'il voit et celles de son propre corps (à travers les neurones miroir[2] qui sont à la base des

---

1 Cf. Premack D. & James Premack A. (1978) *Does the chimpanzees have a theory of mind ?*, Behav. Brain : Sci., vol I p. 515-26 [Trad. ital. *Il pensiero, gli animali, e la teoria della mente*, a cura di Gozzano S., Editori Riuniti, Roma].

2 On verra, par exemple V. Gallese (2003), *Dai neuroni specchio alla consonanza intenzionale, meccanismi neurofisiologici dell'intersoggettività.* Rivista di Psicoanalisi LIII, 1, p. 197.

processus imitatifs). Il se pourrait donc que ce soit la connaissance primaire de notre corps qui nous conduit à découvrir la pensée. Savoir que nous vivons dans une enveloppe corporelle semblable à celle des autres et assumer que les autres partagent nos états proprioceptifs internes peut constituer un début de supposition du fait que les autres peuvent aussi partager des états mentaux plus abstraits. On inverse ainsi la vision platonicienne : on part du corps pour connaître l'esprit. Le monde des idées devient une propriété émergente du corps

La reconnaissance de l'autre à travers l'imitation est ensuite consolidée par l'instauration d'un véritable lien affectif, et on en arrive à ce qu'affirme Vittorio Guidano :

> ainsi, comme l'unicité et l'exclusivité des liens affectifs précoces semblent être une qualité requise indispensable pour percevoir un monde dans lequel on reconnaît sa propre existence, dans notre vie d'adulte aussi – bien que ce soit à un autre niveau d'abstraction — construire une relation exclusive avec une personne significative représente une modalité de base pour pouvoir percevoir un sens d'unicité et d'individualité consistante avec sa propre façon de ressentir le monde[1].

Mais si le besoin de communication est si important chez l'homme, et lui seul, si le fait de reconnaître le corps et l'esprit des autres est ce qui permet notre développement individuel et puis social, notre culture, notre histoire, si le lien affectif à l'autre est fondateur et nécessaire, pourquoi nos rapports à l'âge adulte peuvent-ils être si douloureux, pourquoi un tel manque d'empathie, pourquoi la solidarité et l'amour gratuit ont-ils tant de mal à trouver une place dans les dynamiques destructives des

1 Cf. Guidano (2005), p. 141.

relations, dans l'égocentrisme de certaines personnalités qu'on voit se structurer chez l'adulte ?

Qu'est-ce qui fait changer de route cet enfant enthousiaste, ouvert au monde, qui veut se montrer pour partager avant même de parler, qui se projette vers sa mère et puis vers les autres avec la confiance et l'élan d'un petit scientifique vers le partage de la connaissance ?

Quelles sont les réfutations qui vont mener cet enfant à mettre en place, une fois adulte, des rapports cruels, aveuglement narcissiques, ou faux et névrotiques ? Pourquoi, une fois citoyen, sera-t-il égoïste et privé de solidarité ou s'il est homme de pouvoir deviendra-t-il sans pitié ? Pourquoi surviennent ces transformations qui vont porter à une culture aveuglement technologique qui donnera à notre intelligence ces connotations létales ?

À la frontière des Théories de l'Esprit, Luigia Camaioni (1995) nous fait entrevoir combien la recherche sur les états mentaux différents des croyances[1], a été jusqu'à maintenant plutôt quantitativement limitée. Il y a un manque de recherches sur les aspects socio-émotifs de la compréhension de l'esprit, sur l'importance de la relier à la compréhension des émotions. Et donc, selon la psychologie cognitiviste comprendre aussi le rôle des émotions, de l'imbrication entre émotions et conscience (au sens de connaissance), serait un apport très important dans la compréhension des pathologies mentales, ainsi que des dynamiques sociales. La neurobiologie contemporaine soutient que c'est le fait que les émotions (qui sont des événements physiologiques) se transforment en sentiments (qui sont des expériences subjectives) qui marque la construction progressive de notre conscience[2].

---

1 Le terme de croyance indique en psychologie, une *attitude propositionnelle*, c'est-à-dire basée sur des propositions.

2 Cf. A. Damasio (1999).

Les études sur la structuration de la personnalité vont nous permettre de nous focaliser sur comment naît cet instinct de compétition qui nous empêche de partager. Et qui fait que cette mutation dont l'aboutissement est notre intelligence raffinée est en fait une mutation létale.

Il faut se souvenir que nous nous construisons à travers la rencontre avec les autres. Cependant, cette construction ne peut se produire si la société n'est pas une société juste qui produit des rencontres constructives entre les individus. Et pourtant, nous voyons bien que la société occidentale a justement la compétition comme moteur, chose qui ne produit pas de rencontres constructives mais plutôt la lutte des uns contre les autres, l'instinct de se sentir supérieur. Ce principe de la compétition serait selon Albert Jacquard au départ d'une idée erronée du libéralisme.

La forme de compétition la plus ancienne est la sélection des espèces, ce mécanisme qui nous a permis de devenir ce que nous sommes. La théorie darwinienne de l'évolution nous dit que l*es êtres vivants sont le résultat d'une sélection violente, qui a privilégié les espèces capables de survivre dans un environnement déterminé.* La première forme de compétition est donc biologique, et, comme nous l'enseigne Darwin, elle a des bases génétiques.

Mais aujourd'hui les humains sont aussi occupés dans d'autres formes de compétitions, telles que la lutte pour le succès dans les études et dans le travail. Cette compétition purement culturelle est selon Dawkins basée sur des unités culturelles qu'il baptise *mèmes*, dont nous parlerons plus longuement dans le prochain chapitre.

Il existe d'autres sociétés dans lesquelles ce type de compétition est beaucoup moins fort que chez nous. Il y a des sociétés où la compétition n'existe pas. L'hypothèse d'une société coopérative et non compétitive peut donc être considérée avec sérieux.

À ce propos, dans son essai *Avoir ou être* Erich Fromm écrit :

> Une des objections les plus sérieuses à la possibilité de dépasser l'envie et la cupidité, celle selon laquelle toutes les deux font partie intégrante de la nature humaine, apparaît, en y regardant de plus près, beaucoup plus fragile qu'il n'y paraît : cupidité et envie sont si bien enracinées en nous, non parce qu'elles sont inhérentes à la nature humaine, mais à cause des difficultés que rencontre celui qui entend s'opposer à la tendance collective à être un loup parmi les loups. S'il y avait une mutation du climat social et donc des valeurs approuvées ou désapprouvées il est certain que le passage de l'égoïsme à l'altruisme deviendrait beaucoup moins difficile[1].

On sait que Fromm souhaitait la naissance d'un nouveau type de société, orientée vers l'être, qui prendrait la place de la société actuelle, orientée vers l'avoir. Dans cette société la compétition n'aurait plus lieu car

> Vivre de la manière la plus pleine possible en étant soi-même est la source d'une telle satisfaction que le souci de ce qu'on peut ou ne peut pas obtenir (qui génère la compétition) ne serait pas ressenti[2].

1 Fromm (1978), p. 216.
2 Fromm, op.cit., p. 187.

## VIII. La *mitezza*, une vertu apolitique

À propos de compétitivité, il est important de se souvenir de la leçon que donne Norberto Bobbio dans son *Éloge de la Mitezza,* une vertu qui ne reconnaît pas la compétition comme une valeur. Pour Bobbio, la caractéristique essentielle de la *mitezza*[1] est de ne pas chercher à changer l'autre par la force, c'est-à-dire de le laisser être ce qu'il est. En ce sens-là c'est une vertu qu'on peut qualifier de vertu sociale[2].

> En fait le *mite* n'entre pas dans des rapports avec d'autres en vue de rivaliser, de lutter et finalement de vaincre. Tout esprit de conflit de concurrence et de rivalité, donc de victoire lui est étranger. Dans la lutte pour la vie il est en fait l'éternel perdant.
> L'image qu'il a du monde et de l'histoire, du seul monde et de la seule histoire dans lesquels il voudrait vivre, est celle d'un monde et d'une histoire dans lesquels il n'y a ni vainqueurs ni vaincus ; et s'il n'y a ni vainqueurs ni vaincus c'est qu'il n'y a pas de bataille pour la suprématie, pas de lutte pour le pouvoir, pas de compétitions pour la richesse. En somme, il a l'image d'un monde où manquent les conditions mêmes qui permettent de diviser les hommes en vainqueurs et vaincus[3].

---

1 N.d.T. : À l'instar des autres traducteurs de l'ouvrage de Bobbio auquel il est fait référence, nous avons choisi de conserver les termes originaux de *mitezza* et *mite*, habituellement traduits par *douceur* et *doux.* On retrouvera ce texte, qui est une brillante définition de la *mitezza,* dans *Le sage et la politique* (2004) Albin Michel, Paris.

2 N. Bobbio (2004) p.81.

3 *Ibid.* p.87.

Bobbio fait la différence entre les vertus fortes et les faibles. Les vertus fortes sont celles typiques des puissants (par exemple le courage, la fermeté) qui sont aussi des vertus politiques. Les vertus faibles sont en revanche typiques de l'homme privé, de celui qui ne détient pas le pouvoir, donc des vertus non politiques. Une telle classification ne doit cependant pas mener à une dévalorisation des vertus faibles par rapport aux vertus fortes. La *mitezza* en tant que vertu faible n'est pas une vertu politique, c'est même la plus apolitique de toutes les vertus.

> Elle est le contraire de l'arrogance, entendue comme une opinion exagérée de ses propres mérites qui justifie le despotisme. Le *mite* n'a pas une haute opinion de lui : non qu'il se mésestime, mais parce qu'il est plus enclin à croire à la misère qu'à la grandeur de l'homme, et qu'il est un homme pareil à tous les autres.
> Le *mite* ne parade pas, il n'étale même pas sa *mitezza*. La vertu affichée se transforme en son contraire. Qui étale sa charité manque de charité. Qui étale son intelligence est en général un sot[1].

La tolérance est une vertu proche de la *mitezza*, mais la tolérance implique la réciprocité alors que la *mitezza* ne la réclame pas. Comme vertus complémentaires à la *mitezza* on peut citer la simplicité et la miséricorde (ou compassion). D'après Bobbio simplicité veut dire limpidité, clarté, refus de la simulation. Il est difficile pour un homme compliqué d'être *mite*. Seul l'homme, entre tous les êtres connaît la vertu de la miséricorde. Celle-ci fait partie de son excellence, de sa dignité, de son unicité.

1 *Ibid.* p. 86.

D'après Bobbio, la *mitezza* amène à une prédisposition à la miséricorde.

Énumérons donc maintenant les qualités de celui qui est doux (*mite*) selon Bobbio : clarté, refus de la simulation, laisser l'autre tel qu'il est.

Dans le *Gorgias*, Platon fait dire à Socrate que le philosophe a besoin de *l'homologie* comme preuve de la vérité, c'est-à-dire d'un discours identique naissant du consensus entre les esprits (ce qui est dit par l'un, peut également être dit par l'autre, le même logos appartient aux deux interlocuteurs). Pour qu'il y ait *homologie* trois conditions essentielles sont requises : l'intérêt pour la science (*episteme*), la bienveillance réciproque (*eunoia*), la volonté de ne pas tromper (*parresia*).

Examinons ces qualités requises socratiques.

L'eunoia est certainement une attitude du *mite* : la bienveillance pour l'autre, l'acceptation de ce qu'il est. Et le refus de la simulation, repéré par Bobbio chez le *mite*, est une vertu liée à la parresia de Socrate, à l'intention de ne pas tromper. Ces vertus appartiennent au *mite*, car il n'a aucun intérêt pour la compétition. On ne peut pas pratiquer l'eunoia et la parresia lorsque la compétition mène le jeu.

L'homologie socratique rappelle la convergence des scientifiques vers une unique représentation du monde, cette convergence dont parlait Searle[1]. Les leçons de Bobbio sur la *mitezza* définissent cette vertu avec des valeurs analogues à celles de Socrate et nous font comprendre que la *mitezza* est une qualité essentielle pour faire de la *bonne science*, pour parler de la réalité d'une

---

1 Foucault, lui aussi fait noter à ce propos que « *Le critère de vérité du discours philosophique chez Platon ne doit pas être cherché comme une sorte de lien entre celui qui pense et la chose pensée (ce qu'on peut appeler évidence), mais plutôt à travers un discours identique entre deux personnes.* » Michel Foucault, *Le gouvernement de soi et des autres.*

façon partagée par tous. Voyons comment cette affirmation peut être encore renforcée par les idées du psychologue Bion, dont nous avons déjà parlé de l'analyse des processus cognitifs.

Bion a dédié une bonne partie de ses travaux à la psychologie des groupes en plus de ceux sur la psychologie de la connaissance. Dans ses recherches il postule l'existence d'une *mentalité de groupe*. Une telle hypothèse dérive du fait que dans de nombreuses circonstances, le groupe fonctionne comme une unité, sans que ses membres en aient conscience. La mentalité d'un groupe est donc une activité mentale collective qui se produit lorsque les personnes se réunissent. Elle est constituée de l'opinion, de la volonté ou du désir unanimes du groupe à un moment donné. Les individus y contribuent sous forme anonyme ou inconsciente. L'organisation d'un groupe à un moment déterminé peut être vue comme la résultante des rapports réciproques entre la mentalité du groupe et le désir de l'individu. Bion nomme cette organisation culture du groupe.

Bion définit l'*Hypothèse de base* ou *présupposé de base* comme un terme qui qualifie *l'opinion de groupe*. La mentalité de groupe est le contenant de toutes les contributions des membres du groupe. Le concept d'hypothèse de base par contre, est inhérent au contenu de l'*opinion de groupe.* Les hypothèses de base sont caractérisées par des émotions intenses et sont considérées fondamentales. La culture du groupe fera toujours apparaître des signes évidents des hypothèses de base sous-jacentes. Les hypothèses de base sont inconscientes et un groupe en hypothèse de base adopte une organisation particulière en fonction de l'hypothèse elle-même.

Bion individualise trois hypothèses de base : *dépendance, attaque fuite* et *couplage*[1].

---

1 Cf. Bion (2009a), p. 97.

L'hypothèse de base de dépendance consiste dans la croyance collective qu'il existe un objet externe qui a la fonction de procurer la sécurité au groupe. Les groupes suivant cette hypothèse de base se fient à un *chef* (n'appartenant pas au groupe) dans le but de se défendre de la frustration de l'expérience directe.

L'hypothèse d'attaque fuite consiste dans la conviction qu'il existe un ennemi externe à attaquer ou à fuir. Le groupe se comporte comme s'il était menacé (l'objet menaçant est extérieur)

L'hypothèse de couplage est la croyance que quels que soient les problèmes du groupe, ils seront résolus par un événement futur ou quelqu'un qui n'est pas encore né.

Tous les présupposés de base sont des états émotifs qui tendent à éviter la frustration de l'apprentissage à travers l'expérience, apprentissage qui implique effort et douleur. À l'opposé de l'organisation de groupe en hypothèse de base, on trouve celle de groupe de travail. Un groupe de travail exige de ses membres, capacité de collaboration, maturité et formation spécifique. C'est un état mental qui entraîne contact avec la réalité et tolérance à la frustration (en particulier cette frustration liée à la recherche et à la souffrance mentale de la connaissance dont nous avons déjà parlé). L'organisation du groupe de travail est très différente de celle résultant de l'hypothèse de base. La tâche à réaliser présuppose une approche qui utilise des méthodes rationnelles et scientifiques. Le groupe, qui tolère la frustration, accepte donc l'évolution vers des idées neuves. L'activité du groupe de travail peut être perturbée par le groupe en hypothèse de base. Un conflit peut survenir entre l'idée neuve et le groupe, ou entre l'individu en tant que personne et en tant que membre du groupe, ou entre le groupe de travail et le groupe en hypothèse de base. Ce dernier s'oppose de toute manière à l'idée neuve.

En fait, dans le groupe de travail ce n'est pas la compétition qui domine mais la collaboration. Comme il n'existe aucun présupposé de base pour guider la mentalité du groupe, nous pouvons dire que chaque membre du groupe a en lui les caractéristiques énoncées par Socrate dans le *Gorgias* : l'amour de la connaissance, la bienveillance réciproque, la volonté de ne pas tromper l'autre. Cette description fait penser à un groupe de personnes pratiquant la *mitezza.* Ils ne font pas la course pour être le premier, sont tolérants les uns envers les autres et vivent le succès du groupe, fruit de leur collaboration, comme une réalisation personnelle.

Songeons au passage d'un paradigme scientifique à un autre, lors d'une révolution scientifique, laquelle est toujours précédée d'une grosse crise du paradigme dominant. Comment réagissent les scientifiques à la crise ? Ils ne renoncent pas tout de suite au paradigme qui les a menés à la crise : lorsqu'elle a atteint le statut de paradigme, on déclare qu'une théorie scientifique n'est plus valide seulement s'il existe une alternative possible à mettre à sa place. La décision d'abandonner un paradigme se base sur quelque chose de plus qu'une simple confrontation de cette théorie avec le monde ; il y a toujours, en plus, la décision d'accepter un autre paradigme et donc d'accepter la frustration liée à l'abandon des schémas dans lesquels on a toujours travaillé.

La description que nous fait Kuhn de l'alternance des paradigmes suggère la présence d'un *vide* dans l'interrègne entre le vieux paradigme et le nouveau. Ce vide doit être toléré par le scientifique, exactement comme le fait le nourrisson qui attend sa mère absente. Le scientifique en attente de la révolution ressent une grande douleur mentale. Mais c'est cette souffrance qui produit la naissance des idées neuves :

> Comme les artistes, les scientifiques créateurs doivent de temps en temps être capables de vivre dans un monde détraqué : cette nécessité est la tension indispensable dans la recherche scientifique[1].

Une reconnaissance explicite de l'échec est extrêmement rare, mais les effets d'une crise ne dépendent pas entièrement de sa reconnaissance consciente. Quels sont ces effets ? Toutes les crises commencent par la perte de netteté du paradigme et comme conséquence le relâchement des règles de la science normale. Toutes les crises se concluent avec l'émergence d'un nouveau candidat au titre de paradigme dominant et la bataille qui s'ensuit pour arriver à l'accepter[2].

Dans cette bataille pour l'acceptation du nouveau paradigme, on peut entrevoir la dialectique de groupe suggérée par Bion.

Examinons la résistance au changement de la vieille communauté scientifique, celle qui ne réussit pas à abandonner le vieux paradigme (on pense par exemple aux résistances des partisans du système ptolémaïque envers le système copernicien, ou bien à celles de ceux qui soutenaient l'idée d'un Univers stationnaire par rapport à ceux favorables à un Univers en expansion). Dans le groupe qui reste attaché au vieux paradigme on peut reconnaître l'attitude d'un groupe en présupposé de base d'attaque fuite. Le nouveau paradigme ne pourra être consolidé qu'à l'intérieur d'un nouveau groupe de travail qui acceptera le vide produit par la crise et le tolérera.

Les résistances, les appareils défensifs mis en œuvre par la communauté scientifique contre le nouveau paradigme émergent (ce qu'Imre Lakatos désigne sous le

---

1 Cf. Kuhn (2008), p. 105.
2 Cf. Kuhn (2008), p. 111.

nom de *ceinture protectrice*[1]) peuvent être vus comme des tentatives destinées à éviter l'expérience douloureuse de la rupture avec le vieux paradigme.

Le recul du vieux paradigme portera à sa destruction et à son dépassement. On voit donc que la transition d'un paradigme à l'autre est totalement différente d'un processus cumulatif. C'est une reconstruction du champ sur de nouvelles bases, une reconstruction qui modifie certaines des généralisations théoriques les plus élémentaires utilisées précédemment[2].

Lorsque la révolution est accomplie, les spécialistes regardent d'une façon différente le champ de leurs investigations et ont changé de buts et de méthodes. Guidés par le nouveau paradigme les scientifiques adoptent de nouveaux instruments et regardent dans de nouvelles directions. Mais le fait le plus important est que durant ces révolutions, les scientifiques voient des choses nouvelles et différentes, même lorsqu'ils regardent avec les instruments traditionnels dans les directions où ils avaient déjà regardé avant. Comme nous l'avons déjà dit, ce sont les concepts qui nous fournissent une vision du monde qui ont radicalement changé et donc, même si nous voyons les mêmes choses, notre vision en sera différente. Nous quittons les vieilles associations mentales pour voir diversement les choses : un nouveau bricolage. Quand cette nouvelle composition est accomplie, la *vérité*, cette pensée sans penseur que nous suggère Bion et qui est là, dans l'air, est capturée et fournit une nouvelle vérité scientifique.

La difficulté à produire les révolutions scientifiques dépend de la réticence naturelle à accepter la douleur, la

---

1 Cf. Lakatos (1978). *The Methodology of Scientific Research Programmes :* Philosofical Papers Volume I. Cambridge : Cambridge University Press.

2 Cf. Kuhn (2008), p. 111.

solitude et la confusion provoquées par la perte des objets aimés. Elle est fonction de l'amour que nous leur portons et de la détermination à ne pas s'en détacher. La maturité créative, par contre demande un tel détachement et c'est elle qui est en vigueur à l'intérieur d'un groupe de travail Bionien.

Nous avons introduit la *mitezza*, cette vertu sociale privée d'agressivité et de compétitivité. Erich Fromm, dans son essai *Anatomie de la destructivité humaine*, nous dit :

> Nous devons distinguer chez l'homme deux types d'agression totalement différents. Le premier, qu'il a en commun avec tous les animaux, est l'impulsion programmée phylogénétiquement, d'attaquer ou de fuir lorsque sont menacés les intérêts vitaux. Cette agression défensive, *bénigne,* est au service de la survivance de l'individu net de l'espèce, elle est biologiquement adaptative et cesse lorsqu'il n'y a plus de danger. L'autre type, l'agression *maligne*, c'est-à-dire la cruauté et la destructivité, est spécifique à l'espèce humaine, et pratiquement absente chez la plus grande partie des mammifères ; elle n'est pas programmée phylogénétiquement et n'est pas biologiquement adaptative ; elle n'a aucun but et, si elle est satisfaite, elle procure de la volupté[1].

Que désire le *mite*, par contre ? Quel désir satisfait lui procure de la volupté ? Son désir de connaître est mu par la curiosité. Il participe de son mieux dans un groupe de travail, animé par la curiosité et non par la compétition. Poussé par ce désir de partager que nous trouvons déjà dans le bébé- scientifique des premiers mois. Un désir de

1 E. Fromm (2001), p. 20.

partager dans un espace *nous-centrique* et non égocentrique.

La pensée commence à exister comme pensée partagée. Gallese (2003) dit qu'au début de la vie les relations interpersonnelles s'établissent dans un espace *nous-centrique* primitif. Les bébés partagent cet espace avec celui qui prend soin d'eux. L'espace physique occupé par le corps de la mère est accroché au corps du bébé pour composer un espace partagé qui devient de plus en plus riche et complexe au cours du développement à travers les relations interpersonnelles. La recherche empirique dans les neurosciences et la psychologie du développement apporte une lumière nouvelle sur l'intersubjectivité, qui devient un aspect crucial de la condition humaine.

Ceci nous ramène à Bion qui décrit la rêverie maternelle[1] comme le contenant des éléments de pensée pouvant être transformés et utilisée plus tard par l'enfant pour construire son appareil psychique. Bion parlait déjà d'esprit partagé entre mère et nourrisson, de l'introjection de l'esprit maternel comme appareil à penser[2]. Pour Bion

---

1 La *rêverie maternelle* (fantasticheria) s'entend chez Bion comme l'état d'esprit ouvert à la réception de n'importe quel type d'émotion, même destructive, de l'objet aimé et qui peut par conséquent recevoir des identifications projectives, permettant ainsi à l'objet aimé de se rééquilibrer. La mère a une vraie capacité à recevoir et à comprendre les angoisses de l'enfant et à les lui restituer *bonifiées*. À partir du moment où l'enfant se sent compris, il est débarrassé de ses propres angoisses et *introjecte un esprit qui pense.*

Une mère qui sait proposer la *rêverie* à son enfant sait intuitivement la vérité sur l'état d'esprit de l'enfant qui à ce moment-là est angoissé, et donc en imaginant ensemble avec lui, lui restitue l'angoisse sous une forme tolérable. D'une façon analogue, les interprétations psychanalytiques clarifiant certains aspects de la réalité psychique fournissent des vérités partielles qui aident le développement et la croissance mentale du patient.

2 Cf. A. Meotti (1981) p.415.

le partage et l'intersubjectivité sont cruciaux pour le développement d'un esprit sain.

L'esprit sain se nourrit de partage et c'est cet échange qui anime un groupe de travail. Ce qui procure du plaisir à celui qui est *mite* c'est cet échange, ce partage, pas la compétition.

La *mitezza* est-elle un objectif ou une vertu innée ? Peut-elle être acquise par la connaissance ? Pouvons-nous être éduqués à la non-compétitivité, et donc à la *mitezza*, comme le propose Jacquard ? Pouvons nous imaginer (et espérer) que l'on arrive à la connaissance qui conduit à la *mitezza* à travers une maïeutique de type socratique, adoptée par les éducateurs et qui suggère que *eunoia* et *parresia* sont les dispositions indispensables pour effectuer des recherches sur l'homme et sur la nature.

## IX. Empathizing and systemizing

*Ce qui empêche de comparer le langage de la psychologie avec celui de la physique est le caractère intentionnel de l'esprit* (Dennett, *Brainstorms* 1978)

Parlons d'une contribution qui pourrait nous dire quelque chose se rapportant à l'interaction entre nos capacités intellectuelles (qui nous permettent d'étudier le monde, mais aussi de dominer, d'exploiter la nature et de la détruire, de construire des engins sans pitié pour agresser l'autre et éventuellement l'anéantir) et nos qualités empathiques (qui, au contraire, nous permettent la reconnaissance de l'autre, de ses besoins et de ses passions et donc nous poussent à la solidarité envers lui). Cette contribution nous vient d'une étude de Sacha Baron-Cohen dans laquelle il suggère une possibilité d'interférence entre la capacité à avoir de l'empathie et la capacité à systématiser[1].

Avoir de l'empathie nous fait comprendre les idées et les émotions des personnes au cours d'une action et donc de deviner ce que ressent l'autre et de faire des hypothèses sur son comportement présent et futur.

La capacité à systématiser, par contre, est la capacité d'analyser des systèmes inanimés et de prédire leur comportement non intentionnel. Ces prévisions ne sont donc pas basées sur la compréhension d'états mentaux, mais sur la connaissance de règles et de structures sous-jacentes à ces systèmes. Pour faire simple, systématiser, c'est la capacité à analyser les relations d'input-output.

Il semble qu'une forte capacité à systématiser, qualité typique chez les scientifiques, soit souvent associée à un déficit d'empathie. Cette particularité atteint son niveau le

1 Cf. S. Baron-Cohen *et al.* (2007).

plus élevé dans les syndromes d'autisme. Ces syndromes nous montrent des personnes privées d'empathie mais souvent surdouées pour les sciences exactes. Baron-Cohen donne une interprétation convaincante de cette interférence : le mécanisme de systématisation requiert de l'exactitude et une grande quantité de détails. Si on demandait à quelqu'un une systématisation poussée à l'extrême, il ne pourrait répondre à des questions ayant beaucoup de réponses possibles (qui sont habituelles dans les rapports humains). Un excès de détails peut donc être un obstacle à une bonne communication.

On peut déduire de cette considération qu'il peut y avoir une corrélation entre un déficit d'empathie (difficulté à comprendre ce dont l'autre a besoin : questions qui n'ont pas de réponses bien détaillées ou précises et qui peuvent avoir plus d'une réponse) et une très grande capacité à systématiser (qui demande une exactitude extrême et des réponses univoques.

Baron-Cohen nous propose des suggestions sur une supposée non-affectivité des scientifiques (il va même jusqu'à évaluer les comportements d'Einstein et de Newton, en y entrevoyant des traits d'autisme). Je ne suis pas tout à fait d'accord avec ces suppositions. D'après moi, distinguer des compétences dissociées comme l'empathie et la systématisation est en fait un résultat certainement intéressant, mais on ne peut pas déduire la forme mentale d'un scientifique uniquement par sa plus grande capacité à la systématisation. Et c'est justement là le point.

Il est certain qu'un homme de science aura des capacités à systématiser très élevées, mais ceci n'implique pas qu'il ne possède pas sa dose d'empathie. Au contraire, je propose justement que cette composante soit cultivée pour s'opposer au caractère létal de notre mutation.

Nous avons déjà mis en évidence la valeur cognitive de l'émotion. Giorgio Blandino nous dit :

> Le processus cognitif, quel qu'il soit n'est pas un fait purement technique, même le raisonnement mathématique est relié à un ordre émotionnel. Le contact émotionnel est garant du signifiant. Perdre le contact émotionnel signifierait priver l'expérience de son sens, de la possibilité de produire une pensée authentique, de comprendre[1].

Citons aussi Wolfgang Pauli :

> Il m'apparaît que le sentiment soit aussi profond que la pensée et donc de mon point de vue « amo ergo sum » est autrement plus justifié que le « cogito ergo sum » d'Avicenne et Descartes[2].

Et enfin citons Henri Poincaré dans sa leçon sur *L'invention mathématique* :

> Le moi inconscient, ou, comme on dit, le moi subliminal, joue un grand rôle dans l'invention mathématique [...] Il n'est nullement inférieur au moi conscient, il n'est pas purement automatique, il est capable de discernement, il a du tact et de la délicatesse ; il sait choisir, il sait deviner [...] il sait deviner mieux que le moi conscient puisqu'il réussit là où celui-ci avait échoué...
> ... On peut s'étonner de voir invoquer la sensibilité à propos de démonstrations mathématiques qui, semble-t-il, ne peuvent intéresser que l'intelligence. Ce serait oublier que le sentiment de la beauté mathématique, de l'harmonie des nombres et des formes, de l'élégance géométrique [...]

1 Cf. G. Blandino (1996) p. 156.
2 Cf. Von Meyenn (2009), p. 20 trad. de l'auteur.

> Les combinaisons utiles, ce sont précisément les plus belles, je veux dire celles qui sont le plus à même de charmer cette sensibilité spéciale que tous les mathématiciens connaissent, mais que les profanes ignorent au point qu'ils sont souvent tentés d'en sourire.
> … Notre esprit est fragile comme le sont nos sens ; il se perdrait dans la complexité du monde si cette complexité n'était harmonieuse[1].

Le formalisme des mathématiques nous aide donc à extraire de notre inconscient (selon Poincaré) et de la nature (selon la vision de Pythagore) ces formes pures et ces lois explicites qui nous font comprendre la réalité et qui comblent notre sensibilité esthétique.[2] Et j'ajouterais : qui nous font nous comprendre nous-mêmes. L'invention mathématique est aussi une introspection. Elle extrait des objets de notre inconscient et nous confronte avec notre plaisir à la fois esthétique et émotif.

Le sentiment, la sensibilité, la capacité d'*empathizing*, sont donc fondamentaux pour la connaissance scientifique, elle aussi. Les intellectuels du 17e et 18e siècle l'avaient déjà anticipé. En fait, il y a un *sous-entendu*, même dans les traités scientifiques, et il est lié à l'émotion de la recherche, à la stupeur de la découverte, aux désirs qui poussent le scientifique quand il cherche une solution, une théorie. C'est ce sous-entendu qui donne un caractère personnel aux résultats scientifiques. Oui, même aux résultats scientifiques. Ce qui nous amène à contester ce qu'affirme Humphrey : il n'est pas vrai de dire que si

---

1 Cf. H. Poincaré (1908), XIX, p. 521.

2 « Le plaisir esthétique est essentiellement un et identique, qu'il soit produit par une œuvre d'art ou provoqué directement par la contemplation de la nature et de la vie. » Cf. A Schopenhauer (1859), *Die Welt als Will und Vorstellung,* Brockhaus, Leipzig.

Einstein n'avait pas écrit la théorie de la Relativité Générale, quelqu'un d'autre l'aurait écrite d'une manière identique.

Penser à ces facultés (empathizing, systemizing) comme des qualités qui s'opposent, nous porte vers une idée trop radicale de la science et de notre pensée. Le fait de séparer le monde objectif du monde subjectif nous entraîne dans une de ces dichotomies fondamentales que nous devons dépasser, non seulement pour dépasser la fracture entre les deux cultures, mais aussi pour transformer cette mutation qui nous a rendu intelligent, de mutation létale à succès génétique.

Ce n'est que par une intégration consciente de l'empathie, de l'émotion, de la sensibilité, avec nos capacités d'analyse scientifique si élaborées que nous pourrons atteindre et consolider une troisième culture dans laquelle l'empathie dépassera la compétitivité grâce à cette vertu de douceur qui ne donnera plus au résultat technologique une valeur de succès égocentrique ou une valeur tournée vers *avoir*, mais bien une valeur nous-centrique orientée vers *être*, c'est-à-dire au profit des générations futures.

## X. Le réveil après le rêve de la métaphore computationnelle et l'arrivée de la sensibilité dans les processus cognitifs

La troisième culture, au sens moderne, naît aussi d'une évolution du cognitivisme, survenue lors de l'abandon de la métaphore[1] computationnelle, selon laquelle un ordinateur peut imiter tous nos processus cognitifs

En fait, selon la théorie computationnelle de l'esprit :

1) Les symboles mentaux sont les constituants atomiques de la pensée.

2) La cognition est essentiellement computation, c'est-à-dire manipulation de symboles mentaux, et à l'inverse le calculateur programmé possède des états cognitifs.

3) La représentation est ce grâce à quoi on connaît quelque chose.

D'après la théorie de l'intelligence artificielle (IA) l'esprit et l'ordinateur appartiennent à la même classe de systèmes, les systèmes symboliques physiques.

Francisco Varela est opposé à cette idée basée sur la représentation. Selon cette idée, le monde est préétabli et nous le connaissons en nous représentant ses propriétés (ou ses caractéristiques). Par contre Varela soutient que le système cognitif ne représente pas le monde, mais le produit. Et sa connaissance est incarnée, c'est-à-dire qu'elle ne peut être dissociée du système biologique et de son environnement. La cognition est indissociable de la vie.

---

1 *Les inventions les plus simples et les plus belles sont métaphoriques. Dans la métaphore, invention et découverte se confondent : on y conserve et on y change.* (de A. Cattani dans *Linguaggio-Linguaggi, Invenzione-Scoperta* (2002), Il Calamo, Roma).

Searle[1] réfute les postulats de l'IA sur la base de son expérience idéale, la *Chambre Chinoise.*

L'expérience de la Chambre Chinoise est la suivante : on suppose qu'il est possible de construire un ordinateur qui se comporte comme s'il comprenait le chinois. On introduirait des idéogrammes chinois dans un tel ordinateur, il exécuterait un programme et produirait des idéogrammes chinois à la sortie. La machine pourrait donc convaincre un Chinois qu'il parle avec un homme qui parle correctement le chinois, alors que le Chinois parle avec un ordinateur. Pour les partisans de l'intelligence artificielle forte, on peut en conclure que l'ordinateur comprend le chinois, il n'y a en effet pas de différence entre le comportement de la machine et celui de l'homme qui connaît le chinois. Searle suppose alors de se placer à l'intérieur de la machine (la Chambre Chinoise) avec un livre contenant la version anglaise du programme utilisé par l'ordinateur, un stylo et du papier. Searle aurait la possibilité de recevoir des textes en chinois à travers une fenêtre d'entrée, en faire le traitement en suivant les instructions du programme, et produire d'autres idéogrammes chinois en sortie, de la même manière que le ferait l'ordinateur. Et pourtant Searle ne comprend pas les idéogrammes chinois, et donc ne comprend pas, de fait, la signification des phrases qu'il élabore. Donc son absence de compréhension démontre que l'ordinateur ne peut pas comprendre le chinois, il n'est qu'un simple manipulateur de symboles. Exactement comme Searle dans la chambre chinoise.

Searle conclut son raisonnement en soutenant qu'

> Aucun modèle purement formel ne sera jamais en mesure de générer de lui-même de l'intentionnalité.

---

1 Searle, *Esprit, cerveaux et programmes,* dans Hofstadter et Dennett (1999)

Je suis parfaitement d'accord qu'on puisse considérer que pour une simulation par ordinateur, tout ce qui se passe est juste une entrée et une sortie et entre les deux un programme qui transforme la première en la seconde. Et donc confondre la simulation avec la reproduction est erroné.

Toutefois, les partisans de l'IA croient que l'esprit humain n'effectue que ce qu'ils appellent du traitement de l'information, par analogie avec ce que fait le calculateur avec son programme. Donc si le calculateur est programmé comme il faut, le traitement de l'information est le même, dans l'ordinateur et dans le cerveau. Le point faible de ce parallèle tient dans l'ambiguïté du concept d'information. Searle soutient en fait que le calculateur n'effectue pas un traitement de l'information au même sens que quand une personne réfléchit sur, par exemple, un problème mathématique. Le calculateur ne fait qu'une simple manipulation de symboles formels. Le calculateur a une syntaxe mais pas une sémantique.

Une information importante que nous devons à Searle est que l'idée de l'IA soit basée sur une conception dualistique de l'esprit et du cerveau. En fait

> Si on ne s'est pas convaincu que l'esprit peut être séparé du cerveau tant conceptuellement que empiriquement, on ne peut pas espérer reproduire les phénomènes mentaux en écrivant des programmes et en les faisant tourner[1].

Cette forme de dualisme (encore de type cartésien) rend la question « Une machine peut-elle penser ? » privée de sens, puisqu'en réalité l'IA, en vertu de ce dualisme, ne nous dit rien sur la machine, mais seulement sur les programmes. En disant cela, Searle ne nie pas que le

---

1 Searle, dans Hofstadter et Dennett (1999) p. 359.

cerveau soit aussi un calculateur digital, mais la capacité du cerveau à produire de l'intentionnalité ne peut consister dans sa capacité à écrire des programmes pour un calculateur.

> Quel que soit ce que fait le cerveau pour produire une intentionnalité, cela ne peut pas consister dans le fait d'effectuer un programme, parce qu'aucun programme n'a la capacité d'arriver par lui-même à produire de l'intentionnalité[1].

Dans un texte de 1948, intitulé *Le langage et le problème esprit-corps*, Karl Popper soutient que ce qui distingue radicalement le comportement linguistique conscient d'un homme de celui d'une machine quelconque qui émet les mêmes sons qu'un homme est le fait de communiquer intentionnellement ou non[2].

En outre, d'après Popper il faut distinguer trois niveaux (ou mondes) dans la réalité : le monde physique (monde 1), le monde des événements ou processus mentaux (monde 2) et le monde des contenus de ces événements ou processus (monde 3). Il soutient que la pleine conscience est située dans le monde 3, intimement liée avec le monde du langage humain et de la théorie. Il ne peut y avoir de processus de pensée sans les contenus appartenant au niveau 3. Les théories dont parle Popper concernent l'espace, le temps, les personnes, nos propres corps. Pour dire autrement, l'ego est l'aboutissement d'une vision de nous-mêmes de l'extérieur. Vision seulement possible avec l'aide d'un langage descriptif (*La connaissance et le problème corps-esprit* 1994).

---

1 *Ibid.* p. 360.

2 Karl Popper *Language and the Body-Mind Problem in : Proceedings of the 11th International Congress of Philosophy,* vol. VII (1953), réédité dans Popper (2006).

Interpréter c'est décider. Même la perception de notre propre corps suit cette règle. Certains neuropsychologues partent de ces considérations pour conclure que chacun de nous est en réalité double. Cette idée dérive du concept de schéma corporel. Un concept que l'enfant commence à élaborer à un certain âge, quand il commence à se reconnaître dans le miroir. Notre cerveau crée un corps fantôme pour anticiper les plans moteurs pour nos mouvements. Ce double corps cérébral est à l'origine de nombreuses illusions connues en neuropsychiatrie : membre fantôme, hallucinations, autoscopie …

Notre double identité est également importante dans la théorie de la décision. Nous décidons avec notre double et notre possibilité de changer de point de vue est liée à la possibilité idéale de sortir de nous-mêmes et de voir le monde d'un point de vue différent, ou selon le point de vue d'un autre.

Nous pouvons également dire que cette dualité soit la base elle-même de la conscience : le regard du cerveau sur lui-même.

Et c'est là un autre point opposé à la possibilité qu'un robot puisse prendre une décision réelle : l'absence de son double ou, pour le dire autrement, l'absence de conscience.

Aux objections de Searle et Popper sur la métaphore computationnelle de l'IA s'ajoutent en outre d'autres questions liées à la vitesse de calcul.

Les procédures mentales automatiques se produisent en fait selon des intervalles de quelques dixièmes de seconde. Alors, si les programmes d'IA sont une reproduction exacte de ce que fait l'esprit (c'est-à-dire que ce sont des modèles de la cognition, c'est là l'hypothèse fondamentale régissant toute la théorie computationnelle de l'esprit) alors l'esprit ne peut rien faire de significatif du point vue cognitif en dessous de 100 millisecondes. Les scientifiques cognitifs classiques qui sont liés à la métaphore computationnelle ne se sont jamais aventurés sous un tel seuil (qui est l'ordre de grandeur du seuil de latence[1] des processus cérébraux corticaux : le temps minimum pour reconnaître le visage de sa propre mère).

Qu'y a-t-il en dessous de ce seuil ? Les chercheurs de la troisième culture s'y sont aventurés. On pense que sous ce seuil se produisent les processus subcognitifs. On peut en citer quelques exemples : les lapsus, les intuitions et d'autres processus cognitifs plus complexes. Ces processus n'étant pas réalisables dans le cadre d'un calculateur classique.

Il est clair que la conscience est centrale pour comprendre les processus mentaux chez l'homme : c'est le Graal des neurosciences. Mais il n'est pas si évident que beaucoup de nos processus mentaux soient inconscients et que ceux-ci soit eux aussi importants pour comprendre l'esprit humain. En fait une grande partie des processus cognitifs ne parvient jamais à la conscience et le libre arbitre lui-même semble être exercé en partie de façon inconsciente

L'idée d'un lien entre l'esprit et les processus subcognitifs a fait vaciller la théorie classique de l'IA, selon laquelle l'esprit est un software. L'idée qu'existent des processus subcognitifs même chez les nouveau-nés

---

1 En 1970, un scientifique, Benjamin Libet effectua des expériences spécifiques pour enregistrer le temps pendant lequel se manifeste la volition (la décision de faire un choix, i.e. le libre arbitre) dans le cerveau humain. Ces expériences sont très connues et sont parfois utilisées pour soutenir la thèse disant que l'homme ne possède pas un vrai libre arbitre. Cette conclusion dérive d'une lecture quelque peu superficielle du travail de Libet, qui nous dit simplement que l'instant où l'homme prend une décision est précédé par une activité neurale qui dure quelques dizaines de millisecondes avant la décision elle-même.

fait penser que la composante cognitive inconsciente soit une partie importante de tous les processus de la cognition.

À ces nouvelles idées s'ajoute la critique qui fut faite à l'idée que les processus cognitifs peuvent être *séquentiels* comme les calculs à l'intérieur d'un calculateur. Les cognitivistes commencèrent à s'éloigner de cette idée de séquentialité. Et vers les années quatre-vingts on vit apparaître un nouveau cognitivisme, basée sur l'idée de l'esprit comme étant une propriété émergente. Ce concept d'émergence, comme nous l'avons vu, s'associe naturellement avec les nouvelles études sur la physique des systèmes complexes et des phénomènes d'auto-organisation.

Avec la conscience survient l'intentionnalité, dont nous avons déjà parlé dans notre argumentation contre l'isomorphisme entre esprit et calculateur. Comme le dit Searle[1] pourtant, « toute la conscience n'est pas intentionnelle et toute l'intentionnalité n'est pas consciente ».

Peu de gens savent que le précurseur de ces toutes nouvelles théories relatives au rôle des processus subconscients dans la cognition n'est pas un psychologue, mais un mathématicien de la fin du 19e : Henri Poincaré.

Poincaré était très intéressé par la façon dont fonctionnait son propre esprit. En 1908 il donna plusieurs leçons sur ses propres observations à l'Institut de Psychologie Générale de Paris. Je ferai en particulier référence à la leçon intitulée *L'invention mathématique*, dont j'extrais ici certains passages :

> Qu'est-ce en effet que l'invention mathématique ?
> Elle ne consiste pas à faire de nouvelles combinaisons avec des êtres mathématiques déjà connus.

---

1 Searle, (1998), p.13.

Cela, n'importe qui pourrait le faire, [...] Inventer cela consiste précisément à ne pas construire les combinaisons inutiles et à construire celles qui sont utiles et qui ne sont qu'une infime minorité.
Inventer c'est discerner, c'est choisir[1].
Les faits mathématiques dignes d'être étudiés, ce sont ceux qui par leur analogie avec d'autres faits, sont susceptibles de nous conduire à la connaissance d'une loi mathématique de la même façon que les faits expérimentaux nous conduisent à la connaissance d'une loi physique.
Inventer, c'est choisir ; mais le mot n'est peut-être pas tout à fait juste, il fait penser à un acheteur à qui on présente un grand nombre d'échantillons et qui les examine l'un après l'autre de façon à faire son choix. Ici les échantillons seraient tellement nombreux qu'une vie entière ne suffirait pas pour les examiner. Ce n'est pas ainsi que les choses se passent. Les combinaisons stériles ne se présenteront même pas aux yeux de l'inventeur. Dans le champ de sa conscience n'apparaîtront jamais que les combinaisons réellement utiles et quelques autres qu'il rejettera, mais qui participent un peu des caractères des combinaisons utiles.
Le moi inconscient, ou, comme on dit, le moi subliminal [...] n'est nullement inférieur au moi conscient, il est capable de discernement, il a du tact, de la délicatesse, il sait choisir, il sait deviner.
Les règles des calculs mathématiques sont strictes et compliquées ; elles exigent la discipline, l'attention, la volonté et par suite la conscience. Dans le moi subliminal, règne au contraire ce que j'appellerais la liberté, si l'on pouvait donner ce nom à la simple

1 Souvenons-nous que le verbe latin *intelligere* signifie *choisir entre*.

> absence de discipline et au désordre né du hasard. Seulement ce désordre même permet des accouplements inattendus[1].

Et donc, d'après Poincaré, le subconscient (le moi subliminal) a un rôle fondamental dans l'invention des théories scientifiques. Poincaré se pose le problème de savoir s'il n'a pas en fait un rôle supérieur au moi conscient. Les processus subliminaux (en dessous du seuil des 100 millisecondes) n'ont pas que du tact et de la délicatesse… ils sont bien plus libres et créatifs.

Ainsi, la troisième culture prend ses racines dans les mathématiques de la fin du 19e. Les génies comme Poincaré étaient en mesure d'établir un lien entre l'émotion et la science en allant plus loin que la pure rationalité déductive et la logique aristotélicienne. Ils étaient les précurseurs de la troisième culture.

En réassumant ce que nous avons déjà dit jusqu'ici nous pouvons dire qu'il manque deux choses fondamentales à l'intelligence artificielle : l'auto-conscience et l'inconscient

Varela propose l'autopoïèse de l'homme, en tant que phénomène émergent. D'après lui, le fait que l'esprit soit une propriété émergente implique une conséquence importante pour notre Soi. Mon Soi existe parce qu'il est une interface avec le monde, mais en fait *je* n'existe pas, dans le sens que je ne peux être localisé nulle part. Une telle propriété émergente est une condition cohérente. Elle permet au système d'avoir une interface avec d'autres systèmes cohérents. On ne pourra jamais dire : cette propriété émergente se trouve là, dans ce composant. Exactement comme on ne peut pas dire d'un être vivant que la vie se trouve dans une molécule. La vie est dans la structure du vivant.

---

1 Cf. H. Poincaré (1908), XIX, p. 521.

Varela prend ses distances vis-à-vis des propriétés quantiques de non-localisation, mais on est obligé de se souvenir que, d'après la théorie quantique, une particule n'a pas de position définie dans l'intervalle de temps situé entre le moment du début et celui de la fin de son parcours. D'après Feynman, cela pourrait signifier que la particule suit toutes les trajectoires possibles reliant le point de départ et le point d'arrivée. Et donc la particule ne peut être localisée mais est identifiée avec toutes les trajectoires possibles. Ce *non-lieu* des particules quantiques rappelle de très près les concepts exprimés par Varela au sujet du Soi en tant que propriété émergente.

L'incertitude inhérente à tous les systèmes quantiques fait que les expérimentateurs n'ont pas le contrôle réel sur les mesures. Ils ne peuvent pas savoir a priori quel sera le parcours effectué par une particule parmi tous ceux possibles.

Cette nouvelle génération d'expériences quantiques a donné lieu à la conception d'un *Univers holistique* (David Bohm)[1]. Dans cette vision, le comportement d'objets physiques à un temps donné est strictement relié à d'autres objets reliés dans des temps et de lieux différents. Cela signifie que l'activité du microcosme tisse un faisceau de liens quantiques à travers tout le macrocosme, tout l'Univers : deux photons, par exemple, peuvent maintenir leur lien quantique même à des millions d'années lumière de distance. Et cette caractéristique de la réalité quantique a aussi des implications vis-à-vis du réductionnisme : nous ne pouvons analyser le monde en le décomposant en particules individuelles qui agissent indépendamment les unes des autres. Le *non-lieu* quantique implique une vision profonde de la nature dans laquelle tous les objets font partie d'un schéma cosmique plus vaste : l'Univers est un tout.

---

1 Bohm D. (1990).

Roger Penrose utilise lui aussi les phénomènes de cohérence quantique pour proposer une explication à la naissance de la *conscience* dans notre esprit[1].

Ces phénomènes, en plus d'expliquer de manière rationnelle les dynamiques des processus cérébraux rendraient aussi compte de ce que Penrose appelle aspect holistique de l'esprit[2]. D'après cette idée, le processus conscient ne peut jamais être le fruit de l'activation d'une unique zone du cerveau mais doit naître de l'action concertée d'un grand nombre de zones du cerveau. Penrose soutient qu'un grand nombre de nos processus cognitifs conscients ne sont pas algorithmiques. Lorsque nous *démontrons un théorème*, nous ne faisons que traduire en termes de logique classique, ce que nous avons réellement calculé durant le stade inconscient pendant lequel nous agissons comme des ordinateurs quantiques.

Si nous considérons l'importance du rôle de l'inconscient dans les processus cognitifs, nous devons nous souvenir de la structuration qu'en fait Matte Blanco en classe d'équivalences infinies (voir le chapitre sur la pensée divisante). Cette propriété de l'inconscient rend compte d'une autre distinction profonde entre intelligence artificielle et humaine, et donc de la capacité de l'homme à faire des analogies. Reconnaître une analogie entre deux objets signifie reconnaître leur appartenance à la même classe d'équivalence. Pensez à un basset et à un Saint Bernard, ce sont deux animaux très différents par leur volume, leur pelage, leur museau, mais nous les reconnaissons comme analogues, c'est-à-dire appartenant à la même classe d'équivalence qui identifie l'idée (platonicienne) de chien. Douglas R. Hofstadter, dans son livre *L'Analogie, cœur de la pensée* met en évidence le fait de reconnaître les analogies comme étant une

1 Cf. Penrose & Hameroff (2011).
2 Cf. R. Penrose (1998) et Penrose (1995).

caractéristique fondamentale de la pensée humaine et de sa créativité.

Ce n'est donc pas par hasard que, pour reconnaître un humain d'un ordinateur, on demande dans certaines pages web de reconnaître des mots qui sont présentés avec des lettres déformées (captcha) : on demande à l'homme de reconnaître une analogie entre lettres que l'ordinateur n'est pas en mesure de faire !

L'intelligence artificielle peut, certes, apprendre, résoudre des problèmes, jouer aux échecs, exécuter des tâches très compliquées avec une rapidité inaccessible à un être humain, mais il lui manque deux choses fondamentales propres à l'esprit humain : l'intentionnalité et la capacité d'analogie[1].

Dans son fameux article *Quel effet cela fait-il d'être une chauve-souris ?* (1974) le philosophe de l'esprit Thomas Nagel écrit que l'expérience consciente d'un organisme a toujours un caractère subjectif ; on ne peut

---

1 Google a récemment conçu un nouveau système pour reconnaître et autoriser l'accès à un site internet à un humain. On demande de sélectionner, par exemple, les images de chats parmi celles de divers animaux. Quand l'usager s'enregistre sur un site, en plus de ses données, on lui demande de déclarer « je ne suis pas un robot ». Le système de Google étudie l'interaction de l'usager avec la page à travers des algorithmes d'analyse comportementale qui permettent de comprendre si celui qui interagit est un être en chair et en os ou non. Composer un code (captcha) était un système considéré fiable, mais une recherche récente de Google a montré que les nouvelles technologies d'intelligence artificielle sont capables de déchiffrer ces codes avec une certaine fiabilité (attention, il ne s'agit pas là d'analogies faites par l'ordinateur, mais d'homologies entre topologies!). C'est pourquoi Google a étudié de nouveaux systèmes. L'un d'entre eux fonctionne par associations d'images : partant d'une photo, par exemple un chat, l'usager doit sélectionner toutes les photos de chats apparaissant à l'écran au milieu de photos d'autres animaux (on voit ici clairement une application des compétences analogiques basée sur les classes d'équivalence.)

pas examiner objectivement les états mentaux, sans tenir compte du point de vue de celui qui les ressent. Le caractère subjectif de l'expérience est strictement relié au point de vue. Au contraire, les états physiques ne sont pas subjectifs, ils ne sont pas sujets aux points de vue. La conscience ne peut donc pas être réduite à un ensemble de phénomènes physiques. Pour clarifier ce point de vue Nagel suggère de penser à l'expérience consciente du point de vue d'une chauve-souris qui se déplace dans le monde en utilisant sonar et échos radio. Une perception du monde extérieur clairement au-delà de ce qui peut être conçu par notre esprit. Si donc les faits de l'expérience (les sensations) ne sont accessibles que d'un seul point de vue, alors il est très difficile de prétendre que le caractère de ces sensations puisse être révélé par le seul fonctionnement physique de l'organisme étudié. Il est intéressant de joindre à cette contribution de Nagel contre le physicalisme[1] du mental, le fait que si nous considérons que dans la physique moderne, contrairement à ce qu'il dit, l'objectivité commence à vaciller et le point de vue de l'observateur commence à avoir un rôle, nous nous dirigeons aussi d'une façon complémentaire vers une psychologisation de ce qui est physique.

Francesco Varela, partant de l'étude des mécanismes cérébraux, montre comme l'acquisition de la connaissance ne dérive pas d'une analyse de l'expérience appliquée a posteriori, mais est déjà incorporée *(embodied) :* puisque la cognition est fondée sur l'activité de l'organisme tout entier. Chacun de nous crée son propre comportement et ses propres réponses aux situations, durant les épisodes de petits breakdowns, durant lesquels un individu décide comment opérer au mieux dans l'instant qui vient en

1 La position physicaliste soutient en substance que les états mentaux sont des états du corps, ce sont des manifestations physiques.

utilisant ses ressources. L'activité cognitive a lieu pendant cette sorte de vide, d'interlude qui précède le choix du comportement :

> ces oscillations entre les breakdowns peuvent être vues comme des symptômes de compétitions et coopérations réciproques très rapides entre agents distincts activés par la situation du moment, et en conflit entre eux pour l'affirmation de différents modes d'interprétation d'un cadre cognitif cohérent [...] En d'autres termes, durant le breakdown qui précède la manifestation du micro monde suivant, il existe une myriade de possibilités disponibles jusqu'à ce qu'il en soit sélectionné une en fonction des impératifs de la situation.[1]

Cette hypothèse de Varela nous renvoie encore fortement à la physique quantique. Dans le micro monde de notre esprit existe une myriade de possibilités disponibles, comme une fonction d'onde quantique définie comme étant la superposition de plusieurs états possibles ; le choix d'un des comportements fait penser à la réduction de la fonction d'onde.

Pour être plus précis, en mécanique quantique les particules sont décrites par le moyen de fonctions d'onde. Il s'agit d'ondes de probabilité décrivant les états possibles (position et mouvement) d'une particule. Une fonction d'onde peut être vue comme la superposition de plusieurs états possibles. On parle de collapsus ou réduction de la fonction d'onde quand celle-ci *se* réduit à un seul de ces états suite à l'interaction avec l'observateur externe, c'est-à-dire quand l'observable devient observé et donc doit correspondre à une unique réalité et non aux nombreux possibles. Substantiellement, on a la condensation de

---

1 Cf. Varela (2004), p. 57.

multiples possibilités contenues dans une fonction d'onde probabiliste en une seule occurrence : ce que voit l'observateur. On connaît le paradoxe du *Chat de Schrödinger* selon lequel dans une pièce coexistent un chat vivant et le même chat mort, parce que la vie et la mort du chat dépendent d'une transition quantique (par exemple la désintégration d'un atome) qui déclenche la diffusion d'un poison dans la pièce ; la transition peut survenir ou ne pas survenir (c'est un de ces *événements spontanés*, possibles en physique quantique, dont nous avons déjà parlé) parce que les deux possibilités (désintégration ou non-désintégration) sont contenues dans la fonction d'onde (et donc le chat mort et le chat vivant coexistent) mais la réalité que nous découvrons, comme observateurs, en ouvrant la porte de la pièce fait *collapser* la fonction d'onde parce que nous ne verrons le chat que dans un seul des deux états (mort ou vivant). Dans le micro monde de notre esprit existe une myriade de possibilités disponibles, comme cette fonction d'onde qui est la superposition de plusieurs états possibles. Le choix d'un des comportements possibles fait donc penser, à juste titre, à la réduction de la fonction d'onde.

Je voudrais conclure ce chapitre en me référant à un essai d'un philosophe moderne de l'esprit, habitué à approfondir les rapports entre esprit et réalité, mais qui à la fin se pose aussi le problème des rapports entre la vérité physique et la vérité philosophique, un sujet qui, donc, fait réfléchir sur les rapports entre les deux cultures.

Le roman de science-fiction *Gray Matters (Matières grises)* de William Hjortsberg publié en 1971 fut un succès. L'histoire se déroule dans le futur. Les continents terrestres ont été détruits dans les années 80 lors de la troisième guerre mondiale. Au 25e siècle les hommes ne sont plus que des cerveaux dans un lieu de stockage. Les cerveaux de millions de personnes vivent, alignés dans des cuves où un liquide physiologique les nourrit, et un système compliqué d'ordinateurs les stimule électriquement en leur produisant un genre de réalité virtuelle. Les personnes cérébromorphes continuent donc à avoir une conscience normale d'expériences qui ne sont pourtant pas liées à des événements réels.

Cette situation de science-fiction a poussé le philosophe Hilary Putnam à raisonner sur le rapport entre esprit et réalité et sur vérité scientifique et réalité.

(On peut se rendre compte que la métaphore du *cerveau dans la cuve* est une version moderne du mythe platonicien de la caverne ou du malin génie de Descartes)

Putnam consacra à ce sujet un chapitre de son livre *Raison, vérité et histoire* (1984). Il y montre que l'hypothèse que nous soyons tous des cerveaux dans une cuve, bien qu'elle ne soit en contradiction avec aucune loi physique, ne peut être vraie, car elle est auto-réfutante. Une hypothèse qui s'auto-réfute est une hypothèse dont le fait qu'elle soit vraie implique qu'elle soit fausse[1].

En fait, même si nous admettions la possibilité que puisse exister un monde où tous les gens sont des cerveaux dans des cuves, nous devons considérer que les gens dans ce monde peuvent penser et dire tout ce que nous pouvons penser et dire, mais ils ne peuvent penser et dire qu'ils sont des cerveaux dans une cuve (même lorsqu'ils prononcent les mots *nous sommes des cerveaux dans une cuve*) parce qu'ils ne peuvent se référer à rien de réel hors de la cuve. Si donc un cerveau dans une cuve voit un arbre (en recevant les signaux électriques appropriés) il pense que c'est une proposition vraie, et de la même façon s'il voit une cuve devant lui, c'est une proposition vraie, mais

---

1 Le célebre *paradoxe du menteur* attribué à Épimenide de Crète est un exemple classique de proposition auto-réfutante. La proposition *Les Crétois sont des menteurs* énoncée par Épiménide, lui-même Crétois, est en fait auto-réfutante.

la cuve n'est pas une cuve réelle (étant forcément une hallucination électrique). Il s'ensuit que si le monde, possible, des cerveaux dans les cuves est réel, quand nous disons « nous sommes des cerveaux dans une cuve », nous voulons dire que nous sommes des cerveaux dans une cuve dans une image virtuelle. Mais une partie de l'hypothèse selon laquelle nous sommes des cerveaux dans une cuve contient le fait que nous *nous ne sommes pas* des cerveaux dans une cuve, donc si nous sommes vraiment des cerveaux dans une cuve la proposition *nous sommes des cerveaux dans une cuve* est fausse.

La similitude qualitative entre les pensées qui appartiennent aux cerveaux dans la cuve et celles des personnes réelles n'implique pas de fait que ces pensées aient les mêmes références. Les cerveaux dans la cuve ne pensent pas à un vrai arbre quand ils reçoivent l'image d'un arbre. Avoir une image n'équivaut pas à avoir un concept. Donc si nous sommes des cerveaux dans une cuve la proposition *nous sommes des cerveaux dans une cuve* est fausse.

D'après Putnam ce paradoxe naît aussi que, partant de l'idée que le fait qu'il soit possible du point de vue physique qu'il existe un monde où nous serions des cerveaux dans une cuve, nous allons improprement à la conclusion métaphysique. En réalité, la possibilité physique est seulement une possibilité et non la vérité. La confusion entre vérité et possibilité physique selon Putnam dérive de l'attitude de voir les sciences exactes comme étant une représentation vraie et définitive de l'Univers, de la réalité. Et la vérité physique comme l'unique vérité possible. En réalité, l'idée des cerveaux dans la cuve exclut la possibilité que nous soyons des cerveaux dans une cuve, mais c'est une idée, un argument philosophique et non physique. La philosophie a donc un rôle important, en particulier dans ce type d'analyses *transcendantales*.

Au fond, l'inconsistance philosophique qui mène à l'auto-réfutation de la proposition *nous sommes des cerveaux dans une cuve* nous rappelle les théorèmes d'incomplétude des systèmes formels de Gödel. On peut dire, en simplifiant le raisonnement, qu'un système formel ne peut pas *tout dire au sujet de lui-même*. Car, pour tout dire d'un système il faut *sortir du système* (c'est-à-dire se placer hors de la cuve). Voilà justement le passage transcendantal : on transcende un niveau de réalité et on sort à l'extérieur, on se regarde de l'extérieur. Ce que veut faire Kant en portant la raison devant le tribunal de la raison est exactement ça : la raison observe et se juge elle-même pour déterminer ses propres limites. Seul l'homme a la capacité de le faire, les ordinateurs n'en sont pas capables.

La métaphore des cerveaux dans la cuve exprime parfaitement la condition des hommes dominés par la technique et incapables de se regarder de l'extérieur (d'avoir son propre double…) et de prendre des décisions en conscience.

## XI. Kin selection : phénotype étendu

Dans son best-seller *Le gène égoïste*, Dawkins exprime l'idée suggestive que chaque animal, et donc l'homme aussi, soit une machine à survivre pour les gènes, une espèce de robot géré par ses propres gènes.

Les gènes sont des réplicateurs, c'est-à-dire des molécules capables de produire des copies d'elles-mêmes. Ils ont construit des machines pour y survivre (les corps, que Dawkins assimile à des robots). Le corps est le système utilisé par les gènes pour assurer leur conservation. Un gène peut être considéré comme une entité qui survit en passant par un grand nombre de corps successifs durant le cours des générations. Les seuls gènes qui survivent pendant de nombreuses générations sont ceux qui ont entraîné leurs robots à éviter d'être mangés par d'autres robots et à vivre suffisamment longtemps pour pouvoir se reproduire. Les gènes qui sont encore en vie (à l'intérieur de nous ou d'autres corps) se trouvent dans des machines à survivre ayant réussi. L'évolution est aveugle. Un gène peut vivre des millions d'années, mais beaucoup de gènes ne survivent pas plus d'une génération. Le peu de nouveaux gènes qui y arrivent le font parce qu'ils réussissent à se construire de bonnes machines à survivre.

> Les gènes luttent avec leurs allèles[1] pour survivre, parce que leurs allèles sont des rivaux dans la course

1 En génétique on entend par allèle chaque variante de la séquence d'un gène. Le génotype d'un individu par rapport à un gène est le jeu d'allèles qu'il possède. Chez un organisme où sont présents deux copies de chaque chromosome (appelés chromosomes homologues), le génotype est constitué de deux allèles. Deux chromosomes homologues possèdent les mêmes gènes, mais des formes alléliques différentes. Par exemple, si chacun des deux possède le gène qui contrôle la couleur des yeux, il n'est pas dit

à la place sur les chromosomes dans les générations futures. Chaque gène qui se comportera de manière à augmenter ses propres probabilités de survie dans le pool génique aux dépens de ses allèles tendra à survivre. Le gène est l'unité de base de l'égoïsme[1] [2].

Les gènes expriment un *phénotype* (l'apparence physique du corps dans lequel ils habitent) mais aussi un *phénotype étendu* (par exemple, la dimension du nid construit par un oiseau, les couleurs d'une demeure construite par l'homme). Le phénotype étendu peut lui aussi contribuer au succès d'un gène à travers ce que John Maynard Smith a appelé *kin selection.* C'est-à-dire la sélection de parentèle. Le phénotype étendu, en fait, peut être un succès, non seulement pour l'individu, mais aussi pour un ensemble d'individus qui ont les mêmes gènes.

La *kin selection* peut expliquer les comportements altruistes qui peuvent n'être pas favorables au seul individu (comportements que le gène égoïste tendrait à écarter) mais qui le sont pour la famille, ceux qui ont les mêmes gènes. Elle explique aussi les comportements coopératifs. William Donald Hamilton a démontré mathématiquement qu'un gène peut être gagnant non seulement en ayant des comportements égoïstes, mais aussi en étant altruiste, en favorisant la survie et le succès des membres de la famille (ou des individus semblables, ayant les mêmes gènes).

Beaucoup d'espèces animales ont une prédisposition à l'intentionnalité collective (et notre espèce en fait partie).

---

que les allèles donneront la même couleur.

1 Dawkins, R. (2003), p. 140.

2 D'après Dawkins, *s'il y a en cela une morale humaine, c'est que nous devons enseigner l'altruisme à nos enfants, car nous ne pouvons pas nous attendre à ce qu'elle fasse partie de leur nature biologique* (Dawkins (2003), p. 147).

On entend par là que ces espèces s'engagent dans un comportement coopératif, en partageant des croyances, des désirs et des intentions. Même les conflits, dans la plupart des cas, demandent une intentionnalité collective. Comprendre l'intentionnalité collective est essentiel pour comprendre la réalité sociale. L'intentionnalité collective ne peut se réduire à la somme des intentionnalités individuelles (selon une sorte de vieux réductionnisme mécanicien). D'après Searle c'est un phénomène primitif. Je voudrais ajouter que même un groupe de travail ou un groupe de présupposé de base au sens Bionien possède une intentionnalité collective. L'intentionnalité collective est très importante pour expliquer la naissance de la société. Searle dit[1] :

> On atteint la fracture vraiment radicale avec les autres formes de vie lorsque les humains, à travers l'intentionnalité collective, imposent des fonctions à des phénomènes dont la fonction ne peut être modifiée uniquement en vertu de la physique ou de la chimie, mais demande une coopération humaine… nous avons besoin de montrer qu'il y a une ligne continue des molécules aux tournevis, aux leviers […] et puis aux lois, à la monnaie, aux états. La travée centrale qui va de la physique à la société c'est l'intentionnalité collective et le mouvement décisif sur ce pont vers la création de la réalité sociale c'est l'ajout intentionnel collectif de fonctions sur des entités qui ne pourraient réaliser ces fonctions sans cet ajout.

(On pense par exemple à l'évolution de la monnaie de monnaie marchandise à papier monnaie).

1 Searle (1998), p. 50.

Les termes de connexion entre biologie et culture sont donc la conscience et l'intentionnalité collective. Ce qui est particulier en ce qui concerne la culture, c'est la manifestation de l'intentionnalité collective.

De plus,

> bien qu'il y ait une continuité entre le comportement collectif des lions qui attaquent une proie et la Cour Suprême qui prend une décision, les structures institutionnelles ont une caractéristique spéciale : le symbolisme. *La capacité à produire des symboles découle du langage, qui peut lui aussi devenir une structure institutionnelle.*
>
> La fonction agentive est celle de représenter à travers les modes possibles des actes linguistiques, les objets et les états des choses dans le monde. Les agents pouvant le faire collectivement ont la précondition fondamentale de toutes les structures institutionnelles : la monnaie, la propriété, le mariage, le gouvernement et l'Université existent grâce à des formes d'accord humain qui comportent la capacité d'utiliser des symboles [1].

Il existe un lien étroit entre le concept d'agentivité utilisé par Searle dans ce contexte et l'idée d'intentionalité que ce même Searle utilise quand il s'oppose à un parallélisme trop strict entre l'ordinateur et notre esprit. De nos jours cette intentionnalité se manifeste collectivement dans l'expression de la culture. Donc pour la culture la collectivité et l'intentionnalité sont importantes : elles expriment les agents institutionnels ainsi que le langage des symboles.

Voyons maintenant ces éléments clés de la culture à l'intérieur des théories modernes de la structuration de la

1 Searle (1998), p. 255.

personnalité de l'individu et ensuite dans les deux cultures particulières qui font l'objet de ce livre.

Nous avons déjà dit que la tendance au partage est si importante dans le développement de la personnalité chez l'homme et lui seul, parce que si les primates sont capables de planifier leurs actions, les enfants se distinguent des jeunes primates par leurs motivations. Les singes interagissent avec les autres singes seulement pour poursuivre leurs propres intérêts : ils n'ont pas la tendance à partager les expériences et les émotions[1] qu'ont les enfants. C'est reconnaître le corps et l'esprit des autres qui permet notre développement individuel et ensuite social. La voilà, cette petite discontinuité qui s'insère dans la fameuse continuité qui nous conduit des lions qui attaquent ensemble une proie jusqu'à la Cour Suprême … Les comportements collectifs de l'homme sont (ou devraient être) nourris de partage empathique. L'intentionnalité doit être partagée.

En revenant sur l'opposition entre *empathizing* et *systemizing*, nous trouvons là aussi un lien entre agentivité et *empathizing*. La faculté d'*empathizing* est définie, selon Baron Cohen par la capacité de comprendre les comportements agentifs, donc l'intentionnalité. Cette intentionnalité que Searle trouve discriminante entre le cerveau humain et le cerveau électronique. Systématiser c'est la pure capacité abstraite à analyser les input/output. C'est-à-dire ce que sait faire l'ordinateur. Mais nous nous différencions de l'ordinateur parce que nous mettons en jeu l'intentionnalité (les comportements agentifs) et nous sommes capables d'empathie.

---

1 Cf. Premack D. & James Premack A. (1978) *Does the chimpanzees have a theory of mind ?* Behav. Brain : Sci., vol.I p. 515-26 [trad. ital. In *Il pensiero, gli animali e la teoria della mente*, par Gozzano S., Editori Riuniti, Roma].

L'anti-corrélation qui nous est proposée entre les deux facultés : empathiser et systématiser, pousserait à penser que la culture scientifique soit envahie par le *systemizing*. C'est justement ce préjugé d'anti-corrélation qui crée la division entre les deux cultures.

Mais en se souvenant des témoignages de grands savants comme Pauli et Poincaré, que nous avons déjà cités et du rôle que ceux-ci attribuent à la sensibilité dans les processus inconscients et sans oublier le signifié introspectif de la science dont parle Thom, nous voyons que le travail scientifique est bien plus qu'une simple analyse des input/output, et que l'aspect émotionnel fait profondément partie de ce travail[1]. Donc le dépassement de la fracture entre les deux cultures survient à travers la prise de conscience de l'émotion qui elle aussi peut envahir le travail du scientifique. La capacité à empathiser, à comprendre l'intentionnalité nous permet d'utiliser les résultats scientifiques avec le sens critique dicté par les limites suggérées par cette compétence.

Si on reconnaît et on intègre l'émotion dans la recherche scientifique, si l'œuvre d'art et la création scientifique parviennent à utiliser les mêmes racines, le même signifiant, en acceptant les empreintes personnelles des créateurs, nous pourrons alors transformer la mutation létale en succès génétique.

1 A. Curir, op. cit.

## XII. La Technique

L'émotion, et pas seulement la capacité à *systématiser*, est l'un des guides de nos découvertes scientifiques. Ajoutons que la faculté pure de systemizing est celle qui est propre à la *technique* et que c'est la domination de celle-ci qui a transformé l'intelligence en mutation létale.

Le mot *technique* vient du grec τέχνη (*téchne*), qui signifie *art* dans le sens d'habileté, de savoir-faire en suivant certaines règles.

Durant des siècles, l'évolution de la technique a précédé l'évolution scientifique : pensons aux techniques primitives utilisées pour tailler les pierres dans le but d'en faire des outils et des armes, celles utilisées dans l'agriculture et celles destinées à profiter des énergies (hydraulique ou éolienne par exemple). Ces techniques ont précédé les sciences y étant liées. Pendant longtemps, dans les ateliers, l'artisan a précédé l'ingénieur, tandis que le scientifique le suivait de loin. L'industrie de la machine-outil s'est développée presque sans l'aide de la science, poussée par les développements de la machine à vapeur. Ce n'est pas par hasard qu'Auguste Comte, père du positivisme français, considérait que c'étaient les arts pratiques qui fournissaient les connaissances sur la base desquelles pouvaient ensuite se développer les sciences. La révolution industrielle partit de l'Angleterre, le pays qui détenait capitaux et matières premières, et non de la France, le pays qui détenait la connaissance dérivée des conquêtes scientifiques majeures. On peut dire qu'il y eut une indépendance de la technique (ou d'importants secteurs de celle-ci) vis-à-vis de la science. Il pouvait arriver qu'une technique, développée sur des bases empiriques, exerçait une influence importante sur l'économie et la société et que, donc, la science eût à s'en occuper : c'est ce qui arriva à la thermodynamique au début du XIXe siècle. Les études de Carnot sur le second principe de la thermodynamique naquirent, en fait, du besoin de comprendre la production de l'énergie mécanique par les machines thermiques.

La situation d'indépendance (ou de précurseur) de la technique s'inversa au XIXe (le cas de Carnot, cité ici, en est un exemple). Ainsi naquit la technologie, la science appliquée, à proprement dit. La technologie supplanta la technique, le génie des artisans et des inventions empiriques.

Le monde moderne a marqué une nouvelle affirmation de la domination de la technique (ou technologie, comme nous venons de le dire) sur l'homme. En partant de la définition étymologique du mot technique, Umberto Galimberti se demande :

> Le problème étant : ce n'est pas ce que nous pouvons faire avec les instruments techniques que nous avons créés, mais ce que la technique peut faire de nous.

De détenteurs de la technique, nous en sommes devenus les esclaves, parce que la technique est devenue la condition essentielle pour la production de chaque bien et la satisfaction de chaque besoin. Et ainsi, elle a imposé aux hommes de s'adapter à elle, dans un processus de déshumanisation.

D'après Gunther Anders[1] le début de l'âge de la technique se situe lors de l'avènement du nazisme, qui est responsable, non seulement d'avoir perpétré l'extermination de plus de six millions de personnes, mais aussi d'avoir contribué à donner naissance à un véritable changement chez l'homme. Avec le nazisme, selon

1 Cf. G. Anders (2008).

Anders, nous sommes passés *d'agir, à purement et simplement faire*. On *agit*, quand on accomplit, en conscience, des actions dans un but précis, on *fait* lorsqu'on accomplit des actions prescrites par l'appareil, dont les fins ultimes sont souvent ignorées par ceux qui en sont les acteurs et ne seraient pas de leur compétence même s'ils les connaissaient. C'est pour cela que, de l'avis d'Anders, l'appareil nazi fut le premier exemple de cet âge glaçant de la technique.

Umberto Galimberti[1] suggère de relire les procès verbaux du procès de Nuremberg : les divers *j'ai obéi aux ordres* que de nombreux accusés prononcèrent durant le procès. Ces hommes *ont fonctionné* à la perfection, au sens technique.

> La technique n'a pas de but, elle ne promeut pas un sens, elle n'ouvre pas de scénario de salut, elle ne nous rachète pas, elle ne révèle pas la vérité. La technique « fonctionne »[2].

La technique procède en mode *aveugle*, elle ne reconnaît comme limite, ni la nature, ni Dieu, ni l'homme, mais seulement *l'état des résultats atteints*, qui peut être repoussé à l'infini. Et le développement incessant, dans ce qu'on nomme âge de la technique, cette période que nous vivons, a contribué à la perte de la dimension du sacré.

La technique, qui domine notre temps, ne nous demande pas d'être éthique dans nos décisions, elle demande d'être efficace dans leur accomplissement. Dans l'âge de la technique on obéit aux supérieurs et à qui donne les ordres ; l'éthique, si elle existe, est du ressort de l'appareil, pas d'un seul. L'âge de la technique porte en soi la déresponsabilisation intrinsèque de l'homme.

---

1 Cf. U. Galimberti (2000).

2 *Ibid.* p. 33.

Si nous considérons la différence entre *agir* et *faire*, nous retrouvons la différence entre le comportement agentif dont nous avons parlé et le *systemizing : faire* se traduit en systemizing, en analyse d'input/output. Le hiérarque nazi qui soutient qu'il a obéi aux ordres n'est qu'une machine qui reçoit un input et produit un output (de la manière la plus efficace possible)

La transition entre l'époque pré-moderne et l'époque moderne, avec la prééminence de la technique et la disparition du sacré consacre la victoire du systémique sur l'empathique. La technique n'est rien d'autre qu'analyse des input/output. L'intentionalité qui, comme nous l'avons vu, caractérise l'intelligence humaine n'y a pas de place et c'est ce qui produit cette déresponsabilisation dont parle Galimberti.

Et Bruno Latour définit ainsi la modernité :

> Moderne est celui qui fuit d'un passé dans lequel la vérité des faits et les illusions des valeurs étaient inextricablement entrelacées ; moderne est celui qui pense que la Science est capable, dans un futur proche, de se délivrer finalement de l'archaïque mélange avec le monde de la politique, des sentiments, des émotions et des passions. Le Moderne -le modernisateur- en somme est toujours en fuite vers un avenir radieux qu'il conçoit uniquement en contraste avec un passé odieux[1].

1 Latour, op. cit. (2010) p. 105.

## XIII. Émotions, bi-logique et symbole

La technique, la technologie, s'occupent de fonctionner, elles ne suscitent aucune émotion. Nous avons déjà cité le procès de Nuremberg, où les exécutants de l'extermination des juifs semblaient avoir éliminé complètement la part émotionnelle de leur travail pour se consacrer à l'efficacité de l'exécution des ordres. Je rapporte encore un exemple anecdotique de cette indifférence face à l'émotion : Enrico Fermi, lors du premier essai nucléaire à Alamogordo le 15 juin 1945 fut à ce point imperméable à quelque type d'émotion que ce soit en face d'un événement aussi terrifiant, qu'il réalisa la fameuse expérience des morceaux de papier qu'il fit tomber par terre juste après l'explosion, pour pouvoir avoir une estimation immédiate de l'énergie libérée par l'explosion et liée à l'onde de choc qui les avait touchés[1]... Moins de deux mois plus tard, le même type d'engin explosif, appelé du nom charmant de *Little boy* fut largué sur Hiroshima par le colonel Paul Tibbets (qui vraisemblablement avait éliminé parfaitement sa propre composante émotive) causant en un instant la mort de 70 000 personnes.

Nous avons vu que l'émotion, en émergeant de l'inconscient, donne naissance, selon Matte Blanco, à une bi-logique, à une logique symétrique qui est associée à la logique aristotélicienne normale.

D'après la logique symétrique que propose Matte Blanco, une proposition coexiste avec sa négation et un objet avec sa propre classe. En d'autres termes, derrière chaque individu ou relation, le Soi inconscient voit une série infinie d'individus. Tous ceux-ci remplissent la même fonction propositionnelle à la lumière de laquelle l'individu ou la relation en question est perçue, vue ou

1 Cf. E. Segre (1971) p. 150.

vécue à ce moment. La *logique symétrique* est le langage particulier de l'inconscient. Elle se manifeste à travers les rêves. Mais beaucoup de ses autres manifestations tendent à s'attaquer à la logique de notre discours quotidien, de notre pensée consciente. Cette logique est une part précieuse de notre façon d'être, elle contribue de façon positive à notre équilibre psychique. En fait, la logique symétrique peut apparaître aussi dans la pensée consciente.

L'inconscient et l'émotion sont imprégnés de symétrie, tandis que le niveau de pensée plus attentif s'organise en se fondant surtout sur les principes de la logique classique. Il s'agit d'un mélange variable de symétrie et d'asymétrie, de logique symétrique et de logique asymétrique ; la première croît de manière proportionnelle à la baisse progressive du niveau de conscience.

L'idée qu'a Matte Blanco de la cognition émotionnelle a des caractéristiques bien diverses de celles suggérées par le cognitivisme moderne, car elle est indissolublement liée à la logique de l'inconscient.

Les traits typiques de la cognition émotionnelle sont[1] :

- généralisation de la propriété de l'objet ;
- maximisation de la grandeur de certaines caractéristiques ;
- irradiation de l'objet concret à tous les autres objets représentés par lui (identification symétrique de l'objet avec la classe).

Le psychisme bi-logique se structure en un grand nombre de niveaux, les niveaux les plus superficiels étant les plus asymétriques. Dans la dialectique entre ces niveaux, que nous pouvons imaginer comme des couches superposées, on peut ranger l'interprétation des

1 Cf. Matte Blanco (2000), p. 269.

psychopathologies et les processus de régulation des émotions. Les couches peuvent en fait coopérer d'une façon harmonieuse et adaptative ou bien avoir une dialectique conflictuelle.

Comme nous l'avons déjà vu dans le chapitre 6, les manifestations psychologiques de l'homme peuvent être vues comme l'interaction entre le principe d'asymétrie et celui de symétrie. Le principe de symétrie est un principe qui généralise, alors que les relations asymétriques introduisent les conditions qui donnent sa particularité au cas individuel. L'homme ne peut échapper au fait qu'il est immergé dans la symétrie. Mais il est aussi sujet aux conditions spécifiques de sa spatio-temporalité : l'homme est assujetti aux lois scientifiques. Cependant, dans ses manifestations mentales il a des aspects symétriques et asymétriques. Les aspects asymétriques apportent les conditions limitatives qui permettent jusqu'à un certain point la prédiction de son comportement. Les aspects mentaux symétriques représentent le principe généralisant qui confère à l'homme une position unique dans la nature. On peut comprendre la vraie structure de son esprit par l'interaction entre ces deux ensembles qui s'opposent et interagissent à la fois.

En particulier, le côté symétrique de notre façon d'être est la racine fondamentale de la socialité. Chez l'homme, le mode symétrique est l'aspect qui unit tandis que le mode asymétrique est celui qui divise. Le véritable fondement de la nature humaine c'est la synthèse entre ces deux aspects.

Nous avons vu que les structures toujours plus complexes de la nature humaine naissent de ruptures de symétrie. De la même façon, la rupture primordiale de symétrie logique qui selon Matte Blanco transite de l'inconscient au conscient nous fait percevoir le temps, notre identité, la narration, la conséquentialité. Et pourtant nous gardons dans nos rêves et nos désirs refoulés une dimension symétrique et infinie. L'osmose de ces deux parties de nous-mêmes nous fait comprendre l'être, chercher l'amour, ressentir la flèche du temps mais aussi l'immobilité temporelle de la beauté, percevoir l'art et prédire l'harmonie de la nature dans nos formules scientifiques.

Nous sommes les seuls animaux qui possèdent cette structure bi-logique qui relie émotion et cognition et se synthétise pour former les symboles, ces symboles qui sont si importants tant dans la construction de la culture comme réalité sociale que dans la construction des paradigmes scientifiques.

L'étymologie du mot symbole vient du grec *syn-ballein* (lier ensemble deux polarités), qui traduit une idée de composition de deux opposés, ce qui advient justement à l'intérieur d'une logique symétrique, dans laquelle disparaît la rupture de symétrie qui génère la polarité des opposés.

Galimberti :

> Le symbole contient un excédent de sens par rapport au sens déjà connu ; sa force symbolique dure tant que dure cet excédent qui interrompt la continuité du dire, l'ordre du discours. C'est exactement ce que le langage de la raison ne supporte pas, c'est le surplus qui, en intervenant, interrompt et fait la différence, dia-ferenza, et fait dévier le discours vers des itinéraires de fuite que l'intellect ne réussit pas à contrôler[1].

Wolfgang Pauli soutient que :

> […] une partie seulement du symbole peut s'exprimer par des concepts conscients, une autre

1 U. Galimberti (1984), p. 64.

> partie agit comme un état inconscient ou préconscient. Il en va de même pour les symboles mathématiques : est doué pour les mathématiques celui pour qui les objets mathématiques ont une force symbolique. Le symbole est toujours un tiers qui unit deux opposés (logique symétrique), ce que la logique simple ne peut pas faire[1].

Dans *Psyché et Nature*, il dit :

> Le processus de compréhension de la nature, comme la joie que l'homme ressent quand il la comprend, c'est-à-dire dans la réalisation consciente d'une connaissance nouvelle, semble se baser sur une correspondance d'images internes préexistantes dans la psyché humaine avec des objets externes et avec leur comportement[2].

Jung voit dans les symboles le facteur unifiant entre conscient et inconscient. Dès lors le symbole a une fonction *transcendante* (c'est-à-dire qui aide à dépasser un état de déséquilibre pour donner accès à un état plus intégré). Jung et le physicien W. Pauli ont esquissé ensemble la théorie de *l'unus mundus*, à savoir du champ unique dans lequel tous les phénomènes sont reliés, et à l'intérieur de cette théorie, Jung en vint à soutenir qu'un fait externe, par coïncidence significative, peut être symbole d'un fait interne, indiquant une névrose ou une guérison ; il réhabilita ainsi les pratiques divinatoires et leur symbolisme. Les archétypes sont pour Jung les résidus psychiques des innombrables expériences qu'ont éprouvées nos ancêtres et sont implantés dans la mémoire de l'espèce, c'est-à-dire dans les couches profondes de

---

1 Wolfgang Pauli, lettre à Goldschmidt, février 1949, citée par Karl von Meyenn, (2009), p. 39.

2 Cf. W. Pauli (1999), p. 221.

l'inconscient collectif. Et c'est pour ça que quand se présente une expérience de motif archétypal, la réponse psychique est beaucoup plus forte.

> La psychologie moderne, en fournissant la preuve que l'atteinte de la compréhension nécessite un processus laborieux, guidé par des processus inconscients agissant bien avant que leur résultat soit formulé en termes rationnels et conscients, a attiré l'attention sur les stades archaïques et préconscients de la connaissance. À ce niveau, au lieu de concepts *clairs et distincts*, on trouve des images à fort contenu émotionnel qui ne sont pas pensées mais plutôt ressenties avec une imagination quasi picturale. Ces images peuvent être aussi définies comme symboliques, selon la définition du symbole proposée par Jung. En qualité de principes ordinateurs dans ce monde des images symboliques, les archétypes exercent de fait la fonction du pont que nous cherchons entre perceptions sensorielles et idées, et sont donc une pré-condition nécessaire pour l'établissement d'une théorie scientifique de la nature[1].

1 W. Pauli (2006) p. 61.

## XIV. Une troisième culture pour transformer la mutation létale en succès biologique

Dawkins a développé l'idée de *mème*, qui est l'équivalent du gène dans une vision culturelle. Le mème est l'unité d'hérédité culturelle, transmise par duplication, celle-ci permettant le passage d'un esprit à un autre. Dawkins soutient que les mèmes sont sujets au darwinisme, comme les gènes. Les mèmes évoluent, ils se multiplient, ils se transforment

Dawkins dit :

> le mème donne l'idée de transmission culturelle ou unité d'imitation… les exemples de mèmes sont des mélodies, des phrases, des idées, des modes […]exactement comme les gènes qui se propagent dans le pool génique sautant de corps en corps par l'intermédiaire des spermatozoïdes ou des ovocytes, les mèmes se propagent dans le pool mèmique en sautant d'un cerveau à l'autre au moyen d'un processus qu'on peut appeler imitation, au sens large. […] Quand on plante un mème fertile dans un esprit, le cerveau est littéralement parasité et se transforme en moyen de propagation du mème, comme un virus peut parasiter le mécanisme génétique d'une cellule qui l'héberge[1].

Si nous considérions seulement le darwinisme génétique, notre évolution ne serait dictée qu'au niveau des gènes. Avec les mèmes, un système d'idées peut évoluer tout seul, même sans changement du substrat biologique. L'interaction et la propagation des mèmes est,

1 Dawkins, (2003), p. 201-202.

à son tour, sujette aux lois darwiniennes. Les mèmes peuvent se répliquer par imitation, mais les qualités qui ont une grande valeur pour la survie des mèmes sont, comme pour les gènes, la longévité, la fécondité et la fidélité de la copie[1]. Dawkins compare, par exemple la fécondité d'un même de type résultat scientifique au nombre de citations de celui-ci dans la littérature scientifique.[2]

La sélection favorise les mèmes qui utilisent l'environnement culturel à leur profit. Cet environnement est constitué d'autres mèmes. Le pool des mèmes doit donc avoir des qualités de stabilité évolutive s'il veut empêcher d'être envahi par de nouveaux mèmes. De la compétition entre les mèmes découle des comportements individuels et collectifs qui suscitent l'évolution culturelle.

D'après Dawkins,

> lorsque nous mourrons, nous pouvons laisser deux choses : les gènes et les mèmes. Mais beaucoup de nos gènes seront oubliés dans l'espace de trois générations [...] alors que si nous contribuons à la culture du monde, si nous avons une bonne idée, si nous composons une chanson ... ces choses pourront vivre intactes pour longtemps après que nos gènes se soient dissous[3].

Charles Trenet exprimait parfaitement la même idée dans sa chanson *L'âme des poètes.*

---

1 D'après Dawkins la fidélité de la copie est beaucoup moins nette pour les mèmes que pour les gènes. Les mèmes sont souvent transmis sous une forme altérée, c'est le cas par exemple pour les idées.

2 Avec la diffusion d'Internet est apparue la définition plus spécifique de *mème internet.* Il s'agit de mèmes qui se diffusent sur le réseau informatique et qui ont, par le fait, une dynamique toute particulière qui l'objet d'études. On verra par ex. L. Shifman (2014) *Memes in digital culture.* MIT Press, Cambridge, MA.

3 Dawkins, *ibid.*

La propagation des mèmes s'effectue à travers l'environnement social et culturel, par l'intermédiaire de divers facteurs : propagande, correspondance cognitive, domination ... Les mèmes peuvent souder des groupes et des populations (les présupposés de base et les opinions de groupe dont parle Bion sont des mèmes !). Les mèmes, comme les gènes, sont soumis à des pressions évolutives. Appliquer un darwinisme pur et simple aux mèmes est probablement excessif. Steven Pinker, par exemple, n'est pas d'accord sur ce fait[1]. D'après lui, il y a en fait une grosse différence entre la sélection des gènes d'un organisme et la sélection des mèmes dans un esprit ou dans la culture. Dans un organisme, la sélection des variations sans direction précise est la seule et unique explication à un dessin biologique complexe, alors que pour les mèmes ou les idées, les mutations sont toujours *dirigées*. Par un exemple, un mème tel que la Relativité Générale n'est pas le fruit de la sélection de millions de mutations, aléatoires et non dirigées, de quelque idée originale, mais peut être considéré comme une variation de théories préexistantes *dirigée* par un choix. Et là, nous revenons une nouvelle fois à la vision exprimée par Poincaré dans son essai sur L'Invention Mathématique.

> Inventer c'est choisir [...] En réalité les combinaisons stériles ne se présenteront même pas à l'esprit de l'inventeur. Dans le champ de sa conscience n'apparaîtront jamais que les combinaisons réellement utiles ... Dans cette manière de voir, toutes les combinaisons se formeraient par suite de l'automatisme du moi subliminal, mais seules celles qui seraient intéressantes pénétreraient dans le champ de la conscience. Et cela est encore très mystérieux.

---

1 S. Pinker, in Brockman (1995) p. 196.

> Quelle est la cause qui fait que parmi les mille produits de notre activité inconsciente, il y en qui sont appelés à franchir le seuil tandis que d'autres restent en deçà ? Est-ce un simple hasard qui leur donne ce privilège ? Évidemment non ; parmi toutes les excitations de nos sens, les plus intenses, seules, retiendront notre attention, […] Plus généralement, les phénomènes inconscients privilégiés, ceux qui sont susceptibles de devenir conscients, ce sont ceux qui, directement ou indirectement, affectent le plus profondément notre sensibilité[1].

D'après cette vision des mèmes, nous pouvons reconnaître dans les infinies combinaisons dont parle Poincaré les infinies variations d'un mème dont parle justement Pinker. Mais Poincaré nous dit que ces variations n'arrivent pas toutes à notre conscience. Par le fait, seules certaines sont *dirigées* (pour reprendre le terme de Pinker) vers la partie consciente et parmi celles-ci peut survenir une sélection de type darwinien. Notez cependant, que, d'après cette idée qui met d'accord Pinker et Poincaré, pour les mèmes, une première sélection se fait dans l'inconscient, sur la base de la beauté, de la sensibilité du scientifique à la beauté, c'est-à-dire sur l'émotion.

Revenons à Dawkins, à la fin de son chapitre sur les mèmes il exprime un espoir, qui nous intéresse. Il dit :

> Un aspect unique de l'homme est sa capacité de prévision consciente. Les gènes égoïstes (*ainsi* que les mèmes) n'ont aucune prescience. Les gènes sont inconscients, réplicateurs aveugles. […] On ne peut pas s'attendre qu'un simple réplicateur, qu'il soit gène ou mème, renonce à un avantage égoïste à

---

1 H. Poincaré (1908), XIX, p. 521.

> court terme, même si en réalité cela lui conviendrait à long terme. [...] Il est possible qu'une des qualités de l'homme soit la capacité de se comporter de manière altruiste d'une façon sincère et désintéressée [...] notre prescience consciente pourrait nous sauver des pires excès de l'égoïsme des réplicateurs aveugles. [...] nous avons le pouvoir d'aller à l'encontre de nos gènes égoïstes et si nécessaire des mèmes égoïstes de notre endoctrinement. Nous sommes construits comme des machines de gènes et cultivés comme des machines de mèmes, mais nous avons le pouvoir de nous rebeller contre nos créateurs. Nous sommes les seuls sur terre à pouvoir nous rebeller contre la tyrannie des réplicateurs égoïstes[1].

Le comportement moral semblerait donc le plus anti évolutionniste des phénomènes. Justice et altruisme sembleraient bannis de la sélection naturelle.

Mais la prescience consciente dont parle Dawkins, qui pourrait nous sauver de l'égoïsme évolutionniste est sûrement liée à notre capacité de déchiffrer les comportements agentifs, donc d'anticiper comportements et conséquences. Elle est aussi liée au caractère intentionnel de l'esprit humain. Pour déchiffrer le caractère intentionnel, agentif, de l'esprit, nous devons utiliser notre faculté d'empathie, notre sensibilité, nous devons cesser d'être soumis à la technique, d'être des machines efficientes. Nous devons en somme associer l'état d'esprit critique et moral du philosophe, la sensibilité de l'artiste avec nos compétences scientifiques et technologiques.

Nous ne sommes pas habitués à penser à la morale comme un mélange de biologie et de philosophie, mais

---

1 Dawkins (2003) p. 209.

nous devons commencer à penser que nous pouvons arriver à une meilleure compréhension des règles morales en les étudiant aussi du point de vue scientifique. En même temps, nous pourrions améliorer nos jugements moraux à travers la réflexion philosophique.

Les paroles de Dawkins que je viens de citer nous font penser à la possibilité d'une *kin selection* pour les mèmes, c'est-à-dire une sélection de ceux des mèmes qui donnent un avantage non seulement à l'individu, mais aussi à toute la collectivité. Ce type de sélection, qui ne serait pas purement darwinienne, comme nous venons de le suggérer, mais surviendrait aussi sur des bases émotives et esthétiques, mènerait à une troisième culture dans laquelle les qualités de prescience de l'homme généreraient des mèmes de réussite qui pourraient nous mettre à l'abri des conséquences de la mutation létale, générée par la réplication aveugle des mèmes qui suivent les lois de la technique, elle-même aveugle, nous l'avons dit. Cette sélection parentale étendue à tout le genre humain mènerait à la formation de groupes de travail et à l'échec des groupes de présupposés de base.

Elle favoriserait la construction de personnalités douces et altruistes, pouvant suivre les idéaux socratiques de la recherche à l'intérieur de nous-mêmes et de la nature. La rébellion envers la tyrannie des réplicateurs aveugles est le rêve que Dawkins nous propose. C'est vers ce rêve que se tourne la troisième culture.

## XV. La (troisième) culture comme base de la société

La société n'est pas simplement la somme des multiples rapports réciproques de gens qui se connaissent. C'est un ensemble de rapports abstraits de personnes qui se reconnaissent comme faisant partie d'un même environnement humain. Le rôle de la culture est donc clair : elle permet une vie commune, une société, et ce même entre des personnes qui ne se connaissent pas directement.

De la reconnaissance de cette chose commune, d'un *tiers* qui est au-dessus de nous, comme le spécifie Gustavo Zagrebelsky[1], dérive le sentiment d'une appartenance et d'une existence qui va au-delà d'une simple vie biologique.

Nous avons besoin d'un *tiers unificateur*. Pendant des siècles, la garantie du tiers unificateur était donnée par la religion ; aujourd'hui ce rôle ne peut être joué que par la culture. Culture, non comme moyen d'évasion, mais avec une fonction et une responsabilité sociale lui étant dévolue.

Dans notre société, les connaissances sont toujours plus approfondies et spécialisées. C'est inévitable, car un individu ne peut détenir tout le savoir et doit en déléguer une partie à d'autres. Mais, d'un autre côté, dans notre société moderne toutes les décisions politiques ont une composante scientifique ou technique. Et donc la confiance réciproque devient fondamentale. Pour prendre démocratiquement des décisions dans des domaines spécialisés, celui qui ne connaît pas un domaine devra se fier à celui qui détient les connaissances nécessaires. C'est justement là le rôle de tiers de la culture, qui dans cette

---

1 Zagrebelsky, G. *La nostra Repubblica fondata sulla cultura.* La Reppublica, 5/4/2013.

acception ne peut être que la *tierce* (i.e. troisième) culture ; une culture qui envisagera les notions techniques et scientifiques avec des significations éthiques, juridiques, philosophiques et artistiques.

> Démocratie, logique et droit, ces valeurs *froides* ont été souvent dépréciées au nom de valeurs *chaudes* des sentiments. Mais ces valeurs *froides* – que peut-être personne n'a aussi bien mis en évidence que Norberto Bobbio – sont nécessaires pour établir les garanties et les règles de tutelle du citoyen, sans lesquelles les individus ne seraient pas libres et ne pourraient pas vivre leur *vie chaude*. Ce sont les valeurs froides (le respect des lois, les principes logiques, l'exercice du droit de vote) qui permettent aux hommes de chair et d'os de cultiver personnellement leurs propres valeurs et sentiments *chauds*, l'affection, l'amitié, l'amour, les passions…
> La loi et la raison ont souvent plus de fantaisie que le cœur, capable seulement de ressentir ses propres inextricables complications et incapable bien des fois d'imaginer celle d'autrui […]
> La démocratie est intimement liée avec la vie et avec cette représentation de la vie qu'est l'art, justement parce qu'elle naît du sens concret de l'individu et de la capacité à ressentir, pas seulement de penser, qu'existent, concrets, en chair et en os, des individus qui ont comme nous des passions, des sentiments, des exigences. Dans la création des lois il doit y avoir de la conscience, mais il peut y avoir aussi de la poésie[1].

Dans ces belles paroles de Claudio Magris nous retrouvons la dichotomie déjà mentionnée ici : valeurs

---

1 C. Magris, Levi della Torre S. (2013), p. 20-23.

froides opposées aux chaudes, règles et passions, raison et cœur ... Ces dichotomies devraient être dépassées dans la réalité démocratique, en une synthèse dans laquelle ressentir et penser vont ensemble, dans laquelle on formule une loi en usant de la logique, mais aussi de poésie. Cette synthèse est l'émergence de la troisième culture au niveau social et politique.

Dans ce souhait de l'osmose entre deux cultures, se souvenir du point de vue d'André Comte-Sponville (2004) va nous aider à mettre de l'ordre dans les valeurs.

Comte-Sponville introduit sa notion de *barbarie* comme renversement d'une hiérarchie des ordres. Il établit la hiérarchie suivante[1], de l'inférieur au supérieur :

- Ordre technico-scientifique ;
- Ordre juridico-politique ;
- Ordre moral ;
- Ordre éthique.

Chaque ordre a ses limites qui sont posées par les ordres supérieurs. La loi, l'état, peut mettre des limites à l'ordre technico-scientifique. La conscience d'un homme honnête est plus exigeante que celle d'un citoyen (l'ordre moral prévaut sur l'ordre juridique). L'ordre éthique, pour Comte-Sponville, est celui de l'amour. Il entend comme moral tout ce qui est fait par devoir, et éthique ce qui est fait par amour.

La barbarie, le contraire de la civilisation, est donc la confusion des ordres ou bien la tyrannie des ordres inférieurs. Par exemple : soumettre le droit ou la politique

---

1 Ces ordres sont une reprise, avec des clés plus modernes, des ordres pascaliens : l'ordre du corps, de l'esprit, de la raison, et du cœur. Les ordres sont, d'après Pascal, des ensembles homogènes et autonomes, régis par leurs propres lois, se rapportant à un certain modèle, duquel dérive une certaine indépendance vis-à-vis des autres ordres.

à l'économie ou à la technique. Il peut y avoir également une barbarie dans la moralisation : quand l'ordre éthique est soumis à l'ordre moral.

Il faut distinguer entre responsabilités et compétences. La compétence c'est résoudre les problèmes. Être responsable, c'est savoir prendre une décision, spécialement lorsque cette décision concerne plus d'un ordre. La responsabilité c'est assumer un pouvoir dans chacun des quatre ordres, sans les confondre ni les réduire à un seul. Et dans le cas de conflit entre les ordres, choisir celui qui le plus haut et donc celui à privilégier.

La grille des ordres ne résout pas les problèmes, mais permet de prendre des décisions. Un ordinateur résout les problèmes mais ne peut pas prendre de décision.

Une hiérarchie des ordres est donc indispensable pour agir de façon responsable, et donc dans la direction du *succès biologique.* Cette façon pascalienne et hiérarchisée d'envisager les valeurs est un peu rigide, mais suggestive, et surtout elle rend plus claire l'opposition entre les concepts de compétence et de responsabilité.

La nette antithèse que crée cette opposition entre esprit humain et ordinateur nous conduit à un dépassement définitif de la métaphore computationnelle et nous ramène au concept d'*agentivité*, préféré par les psychologues pour décrire le comportement humain. Ce comportement agentif (et responsable) qui nous distingue des machines, est celui qui nous permettra de sortir de la barbarie technologique, dans laquelle la technique a pris le rôle dominant en inversant la hiérarchie des ordres et en donnant naissance à la barbarie destructive qui nous porte à l'auto anéantissement.

Nous pouvons aussi penser au renversement des ordres causé par la domination de la technique comme à un péché d'*Hybris*, selon l'acception de la Grèce antique.

Du point de vue étymologique, le terme *Hybris* se traduit habituellement et de manière exacte par : *excès, insolence*, *outrecuidance* ; par ce terme

> les Grecs désignaient une violation, quelle qu'elle soit, de la norme de la mesure c'est-à-dire des limites que l'homme doit montrer dans ses rapports avec les autres hommes, avec la divinité ou avec l'ordre des choses[1].

Être entaché d'Hybris signifiait pour les Grecs transgresser l'ordre et l'harmonie du monde, ne pas agir conformément aux règles nécessaires, impliquant dès lors la nécessité d'une punition.

L'outrecuidance ne fait pas partie de la personnalité de celui qui est *mite* et les monstruosités[2] qui naissent de la domination de la technique peuvent sans aucun doute être considérées comme le fruit de la transgression des limites de la nature et du sacré, au sens que nous avons déjà utilisé. On voit que la domination de la technique nous entache d'Hybris, ce péché totalement étranger à celui qui est *mite*.

---

1 Cf. N. Abbagnano et G. Fornero, Dizionario di filosofia, Torino 1998, p. 547 (traduction J-P A-P).

2 Dans les mythologies antiques, les concepts de *hybride* et de *monstre* sont strictement liés.

## XVI. Langage, inconscient et culture

Matte Blanco pense que le langage émerge des profondeurs des émotions. Il a le pouvoir particulier de recréer une émotion identique chez la personne qui le reçoit : c'est comme si deux infinis du monde de l'inconscient des deux personnes se versaient l'un à l'intérieur de l'autre à travers des canaux finis et étroits.

Le fait que les régions de notre inconscient, là où règne la symétrie, sont délimitées (ou déterminées) par les relations asymétriques (celles de l'activité rationnelle et logique) donne lieu à une tendance : l'activité propositionnelle, c'est-à-dire le langage. La pensée que formule le langage est une fine pellicule entre les grands volumes de symétrie de l'inconscient. Confronté à ces océans de symétrie, la pensée de l'homme cherche à les comprendre, et arrive à exprimer l'être symétrique en termes d'ensembles infinis.

L'impossibilité, pour l'être asymétrique, de devenir symétrique, n'empêche pas les tentatives de comprendre la symétrie au travers de descriptions asymétriques. La tendance à comprendre, à penser l'impensable, est une puissante source d'activité mentale ainsi qu'une manifestation instinctuelle.

L'exploration de l'être symétrique par l'activité propositionnelle asymétrique fournit à celle-ci une source inépuisable (infinie) de connaissance. La conscience recueille des morceaux de la masse symétrique amorphe et les ordonne dans l'espace et dans le temps, en donnant une apparence d'asymétrie. Matte Blanco décrit ainsi la fonction de traduction, appelée aussi déploiement.[1] Si nous voulions faire entrer dans la conscience tout ce qui se trouve dans l'inconscient symétrique, il faudrait y faire

1 Cf. I. Matte Blanco (2000), p. 123.

entrer un nombre infini de choses. Le mieux que puisse faire la conscience est de pénétrer successivement dans les infinies dimensions du symétrique, en traitant peu de dimensions à la fois. De cette façon la classe *se déploie* sous l'analyse du système asymétrique. Les paroles sont les instruments asymétriques de la fonction de traduction-déploiement.

En termes de logique classique la logique de l'inconscient peut être traduite sous la forme de quelque chose qui n'est pas totalement étranger à la logique mais qui est cependant doté d'un plus grand nombre de dimensions et qui est comme tel, plus général. La logique aristotélicienne serait un déploiement (l'expression) d'une seule des multiples potentialités de cette autre façon de penser.

Le langage mathématique est celui dans lequel, selon Galilée, est écrit le grand livre de la Nature. Ce n'est pas seulement un langage propositionnel, mais quelque chose de plus abstrait et symbolique, doté lui aussi d'une logique rigoureuse et asymétrique.

Matte Blanco voit dans l'activité mathématique un exemple typique de cette fonction de traduction ou de déploiement.[1] La création mathématique puise dans notre inconscient. La pensée mathématique découvre des aspects toujours plus complexes dans ce qui apparaît à première vue être un tout homogène. La formulation de la géométrie à partir des cinq postulats d'Euclide est un exemple de la fonction de déploiement en mathématiques : on part d'un espace homogène et on établit des relations (postulats et théorèmes) à l'intérieur de celui-ci. Et cela nous ramène, une fois de plus, à l'invention mathématique de Poincaré : l'esprit extrait de l'inconscient les inventions de structures mathématiques.

---

1 Cf. I. Matte Blanco (2000), p. 332.

Nous avons parlé de la démocratie, parlons maintenant de langage, des mots qu'elle utilise. Gustavo Zagrebelsky[1] fait remarquer que le nombre de mots connus est directement proportionnel au degré de développement de la démocratie. Peu de paroles et peu d'idées impliquent peu de possibilités et peu de démocratie. Ce n'est pas uniquement celui qui connaît le plus de mots qui doit commander. Voilà pourquoi la démocratie exige une certaine égalité dans la distribution des mots. En somme, l'activité propositionnelle en tant que fonction de déploiement de l'infini de notre inconscient a un rôle fondamental dans un bon régime politique, dans la démocratie. Dans ses considérations Zagrebelsky se réfère à une activité propositionnelle tournée surtout vers l'extérieur, aux faits plus qu'aux émotions de notre intériorité. Les mots doivent respecter les concepts et la vérité des faits : les régimes qui déforment les faits ou les créent *ad hoc* sont des dictatures idéologiques. On pourrait réfléchir sur l'importance du rôle des émotions dans la déformation des faits.

Et nous en revenons ici à l'importance de l'intersubjectivité. D'être nombreux à faire l'expérience du monde et à pouvoir en discuter en liberté. Ce n'est que comme cela, nous dit Hannah Arendt, que le monde *nous apparaît dans son objectivité visible de tous les côtés.* (Voir citation p. 22.)

C'est donc le langage la vraie charnière entre les deux cultures. Seul le langage permet l'intersubjectivité, cet espace nous-centrique dont nous avons déjà parlé.

Selon le psychologue Steven Pinker, cognitiviste et évolutionniste, le langage est un instinct, un organe mental[2]. Une faculté spécialisée qui se développe spontanément chez l'enfant, sans efforts conscients ou

---

1 G. Zagrebelsky dans G. Napolitano, G. Zagrebelsky (2010).
2 Cf. Pinker (2013).

instruction formelle, sans avoir conscience de la logique sous-jacente. Par conséquent, selon cette hypothèse (par ailleurs étayée par des observations de comportements), la complexité du langage vient de l'esprit de l'enfant et non de l'école ou des livres de grammaire[1]. Le langage est produit par des circuits neuraux spécifiques ayant suivi une évolution darwinienne.

Nous avons déjà parlé de la vision d'Albert Jacquard, d'après laquelle un homme naît incomplet et se construit peu à peu avec le langage et la capacité à communiquer ; la capacité de se rencontrer et de communiquer qui rend humains les êtres.

La pensée du célèbre psychanalyste Lacan est strictement liée à la réflexion sur le langage et la parole.

Le langage est un point de départ pour l'analyse de l'inconscient, qui, selon Lacan, *est structuré comme un langage* et c'est cette structure particulière qui donne forme à la réalité psychique de l'homme en lui permettant d'accéder au symbolique. La fonction normative du langage exprime la naissance de la culture humaine. C'est la parole qui humanise la vie. La vie s'humanise et se différencie de la vie animale à travers le langage. La vie purement biologique (le corps) est en fait mortifiée par le langage, qui la sépare de la jouissance immédiate, chose en deçà du langage lui-même. Cette séparation se traduit par la découverte de l'existence des limites et du manque : ce manque qui peut engendrer le désir. Dans le banquet de Platon, Éros, qui engendre le désir, est considéré comme un démon, à moitié chemin entre l'humain et le divin, il est le fils de *Poros* et de *Pénia* (ingéniosité, talent et pauvreté, manque).

---

1 Dans ce passage Pinker rappelle et assume les idées de N. Chomsky, et de sa notion de grammaire générative universelle (voir par ex. Chomsky (1992)).

Le désir devient la puissance générative de la vie humaine, il impose le renoncement à une jouissance immédiate et névrotique.

Et cette loi de la parole est à l'origine de la société : le renoncement à la jouissance de tout, à vouloir tout rend possible l'appartenance à la communauté (la communauté des parlants). C'est cette loi de la parole, du langage, dont Lacan dit qu'elle donne sens à l'existence humaine. Le sens de la limite, de la présence de l'autre, de ne pas pouvoir devenir maître absolu de sa propre vie dérive du langage, de la loi de la parole qui génère les symboles et la culture.

La vision de l'intelligence comme mutation létale, liée à la force aveugle de destruction du monde et de nous-mêmes, force qui paraît s'accélérer toujours plus dans la société d'aujourd'hui, dérive de la perte de cette limite et de la pulsion vers une jouissance immédiate dans laquelle l'autre et son désir ne sont plus reconnus. D'après Lacan, une vie ainsi configurée, où tous veulent avoir tout, n'est pas humaine. À quoi tout cela est-il dû ? Le lacanien Massimo Recalcati[1] nous suggère que ce soit dû au fait qu'aujourd'hui, la jouissance immédiate, privée de limite, qui jouit uniquement de sa croissance infinie et a potentiellement remplacé la loi de la parole, est devenue la seule forme possible de loi.

La loi de la jouissance prend la forme d'un devoir (*je dois me divertir*[2]). Et ceci génère une déshumanisation de l'homme : une tendance avide à jouir de sa vie jusqu'à la mort, sans une quelconque intrusion de l'autre.

---

1 Voir Recalcati (2013), p. 49 et suivantes.

2 Se divertir, au sens étymologique du terme, signifie *se tourner ailleurs, s'éloigner ;* c'est aussi une manière de s'éloigner et de ne pas regarder la signification réelle de la vie, ou de ne pas vouloir le donner, nier la Loi de la parole.

Quittant la psychanalyse, voyons maintenant un exemple dans lequel un langage, dans sa structure spécifique, peut être connoté comme étant un ingrédient fondamental pour un type de culture.

Bruno Snell[1] voit dans le grec ancien, le langage à l'origine de la science européenne. Dans la structure du grec ancien se trouvent déjà, en effet, les embryons des approches possibles et disponibles pour décrire la réalité.

Ce n'est qu'en Grèce, dit Snell, que la conscience théorique est apparue sous une forme indépendante, il n'y a que là que nous trouvons un concept scientifique qui se développe sous une forme autochtone.

Snell observe et met en évidence la fonction fondamentale qu'a la présence de l'article défini, absent par exemple dans le latin, pour arriver à l'élaboration des abstractions :

> … Comment la pensée scientifique peut-elle se passer d'expressions comme *l'eau*, *le froid*, *la pensée* ? Comment aurait-on pu fixer l'universel sous une forme déterminée, comment aurait-on pu donner à une forme de l'adjectif la valeur de concept si l'article défini n'avait pas offert la possibilité de créer de telles abstractions ?

L'article peut transformer un adjectif ou un verbe en nom commun, cette transformation en substantif offre des objets solides à la pensée scientifique et philosophique.

Après avoir exploré comment les abstractions se forment par la substantivation des adjectifs et des formes verbales, dont les points de départ sont ce qu'on appelle *formes nominales du verbe* (infinitif et participes),et nous avoir fait percevoir comment à travers l'infinitif d'un verbe on peut saisir *l'universel*, Snell nous explique que,

1 B. Snell, (1994).

chez les Grecs, les formes du verbe ne sont pas liées au temps mais aux diverses formes de l'action : le présent exprime un état, l'aoriste un événement, et le parfait un résultat. Cette particularité fait que la culture grecque ne dispose pas d'un concept précis du mouvement, qui réclamerait une perception explicite du temps. Et pour ce motif, les Grecs n'ont pas formulé de lois physiques du mouvement.

La pensée scientifique ne représente qu'une des formes qui se trouvent en germe dans la langue, mais aucune autre forme n'a été développée d'une façon si cohérente dans la pensée humaine et ne s'est autant éloignée de la langue parlée. Il n'y a pas d'autre langue que la grecque, nous dit Snell, où apparaît avec une telle évidence que les concepts des sciences naturelles soient sortis du terreau de la langue et avec quelles racines ils y sont encore plongés.

Cette analyse de Snell nous fait comprendre encore plus combien l'activité propositionnelle qui émerge de l'inconscient exprime, avec son style, ses caractéristiques structurelles, notre sensibilité dans la perception de la nature.

Communiquer d'une façon largement accessible présuppose l'existence d'une langue qui puisse être connue par le plus grand nombre de personnes. S'il est vrai que le grec est la langue liée à la naissance de la science, on peut dire que la science moderne a contribué à la crise du latin, en tant que langage des gens cultivés. Jusqu'à la Renaissance, en fait, la communauté des savants utilisait principalement cette langue. Mais ensuite s'est constitué un pluralisme linguistique lié à l'apparition des cultures nationales. Le pluralisme linguistique est associé à la naissance de la science moderne. Durant la période fin XVII^e^ début XVIII^e^ la science sort de la sphère exclusivement académique grâce à la naissance d'une sphère publique dans laquelle l'expérimentation peut avoir des auditeurs provenant d'un milieu plus large que le milieu académique, et où les initiatives de lectures publiques ont le but d'agrandir la communauté des gens au courant de telle ou telle théorie.

À cela s'ajoute la naissance de la *physique amusante*, à but pédagogique et destinée au divertissement[1]. Par exemple on peut citer l'intérêt et la curiosité dont faisaient l'objet les phénomènes électriques tels que l'attraction entre des objets légers obtenue par frottement du verre ou de la résine. On organisait en outre dans les Cours des expériences scientifiques spectaculaires impliquant le corps humain, comme celle du *garçon volant*, imaginée par Stephen Gray et présentée à la Royal Society de Londres.

La diffusion des œuvres scientifiques, écrites directement dans les langues nationales avait pour but de transmettre cette culture aux éléments de la société qui étaient exclus de ce type d'éducation (on doit aussi intégrer dans cette entreprise les publications à caractère encyclopédique, dont évidemment l'exemple le plus important est l'*Encyclopédie* de Diderot et D'Alembert dont nous avons déjà parlé).

---

1 On verra, par exemple P. Bertucci, *Viaggio nel Paese delle meraviglie. Scienza e curiosità nell'Italia del Settecento.* (2007) Bollati Boringhieri, Torino.

## XVII. Une digression : l'histoire du Cygne Noir

Un livre de l'écrivain libanais Nassim Nicholas Taleb, paru en 2007, a eu un énorme succès en introduisant le concept de *scalabilité* dans l'interprétation des phénomènes isolés et imprévisibles ayant un gros impact historique et social. Il appelle ces événements des Cygnes noirs. Son livre s'intitule : *Le Cygne noir.*

Taleb vient du monde de la finance et des traders, et part donc de là pour introduire le concept de *scalabilité* en utilisant l'exemple de divers types de professions et des revenus qui y sont associés. Une profession non scalable est sujette aux limites imposées par le travail accompli : plus on travaille, plus on gagne. Dans la finance, par contre, un trader peut effectuer un travail scalable, c'est-à-dire avoir un revenu énorme en faisant peu d'efforts. Ce qui peut arriver aussi à un artiste à succès. Un best-seller est un cygne noir, un événement isolé, imprévisible, de fort impact et source de gains énormes.

La scalabilité est la capacité d'un système à croître ou décroître (c'est-à-dire augmenter ou diminuer d'échelle) en fonction de la nécessité ou de la demande. Les phénomènes scalables ne sont pas représentables avec les distributions statistiques que nous utilisons par exemple dans la physique ou la thermodynamique, mais avec les mathématiques de type fractales.

La probabilité fractale ou Mandelbrotienne[1] a la qualité de réussir à inclure même des événements qui s'éloignent énormément de la moyenne, comme, un best-seller, le 11

1 Du nom du mathématicien polonais Benoît Mandelbrot, qui a développé la géométrie fractale.

septembre, un krach boursier… un cygne qui n'est pas blanc, mais noir.

La distinction entre scalable et non scalable, permet à Taleb d'introduire deux mondes qu'il appelle *Médiocristan* et *Extrêmistan.*

Dans le premier on suit la statistique des distributions gaussiennes (ou *normales*) et les événements particuliers ne sont pas très significatifs mais contribuent au collectif : dans un large échantillon, aucun cas particulier ne peut modifier les choses de manière significative. En Extrêmistan, par contre, cela peut se produire. Là-bas une seule unité peut avoir des conséquences disproportionnées sur l'ensemble et le monde apparaît dominé par des événements rares. Au Médiocristan, on doit supporter la tyrannie du collectif, du prévisible. En Extrêmistan, la tyrannie, c'est celle du singulier, de l'accidentel, de l'imprévisible.

Taleb fait une objection assez évidente sur l'usage des statistiques gaussiennes pour étudier les sciences sociales. Les statistiques, les distributions normales nous permettent d'étudier et de prévoir les systèmes physiques (tant qu'il ne s'agit pas de phénomènes critiques) ou les distributions d'événements statistiquement indépendants, mais les appliquer aux sciences sociales ou à l'économie est dangereux, car les comportements des éléments de ces ensembles (société, collectivité) ne suivent pas de lois précises, ils ne sont pas indépendants mais sont dotés de libre arbitre et en outre sont sujets à des phénomènes de contagion dans leurs comportements (penser aux flux financiers, à la bourse, aux guerres…). Jusque-là rien de neuf. Toutefois il est vrai que les sociologues, les agents en Bourse et beaucoup d'autres continuent à utiliser des distributions de type gaussien pour trouver des explications à la phénoménologie sociale. Et pourquoi donc ? D'abord parce qu'il y a là-dessous la supposition que les comportements humains, mêmes libres, aient un substrat commun de rationalité, et donc qu'ils soient au moins en partie prévisibles. Et puis, parce que les statistiques différentes (basées sur les attracteurs, les fractales, etc.) sont en réalité encore plus difficiles à appliquer à la réalité humaine pour pouvoir faire des prévisions réelles. Tout au plus peuvent-elles être utilisées pour faire des analyses a posteriori sur ce qui s'est déjà produit. Et ce, parce que le comportement rationnel peut être considéré comme prévisible alors que le comportement émotif non ! Les contagions sont difficiles à prévoir.

L'aspect principal d'une distribution gaussienne est que les probabilités d'écart par rapport à la valeur médiane (que Taleb définit également comme « médiocre » du point de vue humain) diminuent toujours plus vite au fur et à mesure de l'éloignement : le gros des individus agira dans la zone du médiocre. Et ceci, appliqué aux comportements, veut dire, en fait, que les comportements sont prévisibles sur une base rationnelle. Et donc au Médiocristan on ne tient pas beaucoup compte des extrémités de la distribution, tandis qu'en Extrêmistan, ces extrémités ont un rôle fondamental, c'est là que se change l'histoire. Au Médiocristan, la statistique donne quelque chose de proche de la certitude, en définissant le risque en termes d'écart type de la valeur médiane gaussienne. Pour Taleb, cette définition du risque est erronée et même à risque dans le cas des phénomènes humains. La distribution gaussienne n'est pas une propriété du monde, elle naît de la façon dont nous regardons le monde.

Avec les fractales on peut décrire l'accumulation des richesses, les résultats du marché et des bourses ou les pics de ventes d'un best-seller. Les processus qui génèrent un cygne noir suivent des lois de puissance. Le problème est que l'exposant de la puissance lié à un phénomène spécifique est difficile à déterminer a priori. Il est intéressant de noter qu'il existe des secteurs de la physique non linéaire des systèmes complexes liée aux phénomènes coopératifs aux points critiques, où ce type d'analyse fractale est très approprié. Ce sont les phénomènes physiques dont nous avons déjà parlé, au cours desquels le comportement du système global ne peut être ramené à la somme des apports des éléments qui le constituent (c'est-à-dire qu'on ne peut l'assimiler à une série de lancers de pièce de monnaie statistiquement indépendants…) et donc ne suivent pas les lois statistiques classiques. Il s'agit en général de comportements de systèmes physiques loin de l'équilibre, (ce qui amène à penser que la naissance d'un cygne noir se produit dans un environnement loin de l'équilibre).

Par contre, la statistique des distributions normales s'appuie sur une physique dans laquelle le phénomène global peut être déduit de la somme des comportements des éléments individuels.

D'après Taleb, la causalité fractale peut donner une certaine probabilité de prévision de l'arrivée d'un cygne noir, qui devient dans ce cas un cygne gris : par exemple on peut prévoir la possibilité de chute d'un marché boursier.

Il n'est pas possible de raisonner en disant que la distribution gaussienne soit plus juste que la probabilité scalable. Si on y pense bien, l'évolution darwinienne elle-même est scalable, dit Taleb : l'ADN gagnant (soit par chance soit pour un avantage de survie) se reproduit et se diffuse comme un best-seller. La distribution des gènes ayant du succès n'est pas du tout gaussienne.

Taleb soutient que les phénomènes scalables se produisent quand il n'y a pas de vent contraire qui arrête la croissance des cygnes noirs. Le vent contraire, un vent qui s'oppose aux croissances trop rapides et disproportionnées des phénomènes à l'extrémité des distributions est, selon lui, ce qui donne des distributions ressemblant plus à des distributions gaussiennes.

Et j'en viens à la fin de mes considérations : les deux cultures, dans ce discours, sont fortement en jeu. En fait, la culture scientifique toute seule ne réussit pas à venir à bout du problème du cygne noir, et donc des guerres, des faillites du système et de tout ce là où paraît nous porter notre mutation létale. Les statistiques gaussiennes auxquelles la science classique cherche de ramener les comportements humains ne sont pas suffisantes. L'analyse purement mathématique se trompe en négligeant l'aspect émotionnel (la compétition, les contagions émotives) présent dans la nature de l'homme. Il n'y a qu'une troisième culture qui peut donc arriver à une analyse plus profonde de cette phénoménologie. Pour deux motifs : le premier est que pour étudier les cygnes noirs, il est nécessaire d'utiliser les théories des systèmes complexes, que nous avons mentionnées, des théories qui sont profondément liées à la troisième culture naissante. Mais la deuxième raison, c'est que de la troisième culture peut aussi souffler ce vent contraire dont parle Taleb, ce vent qui peut œuvrer pour empêcher la naissance de ces cygnes noirs qui bouleversent notre histoire.

Des règles partagées qui mettent des limites à la scalabilité extrême, une loi lacanienne de la parole, qui pose des limites au désir de tout posséder, qui récupère le langage comme possibilité de reconnaître l'existence de l'autre.

Des sociétés conscientes, baignées d'une troisième culture qui ne sache pas seulement analyser la phénoménologie sociale avec des analyses mathématiques raffinées, mais ait conscience de la propagation des contagions émotives, de la compétition effrénée et sache donner des limites et des frontières à celles-ci pour mettre en cage le risque de l'imprévisible.

# Épilogue

Le débat sur les deux cultures opposées est encore très vivant.

Le 23 décembre 2013, trois intellectuels italiens : Alberto Asor Rosa, Roberto Esposito et Ernesto Galli della Loggia ont lancé un appel pour les sciences humaines. L'appel fut publié dans la revue *Il Mulino* et il y est postulé que dans la culture (italienne) d'aujourd'hui, le concept d'humanisme est mis tout à fait de côté. Pour les auteurs de l'appel, l'humanisme est

> cette vision du monde qui pendant des siècles a donné forme à la civilisation dans cette partie de la planète – et en Italie tout particulièrement -, ce qui peut être résumé par l'affirmation du caractère fondateur des valeurs politiques et morales autonomes.

*Et, de plus*

> ces études qu'on appelle les humanités sont précisément les seules qui, par leur nature même, assurent le lien avec la spécificité de la dimension historique de la vie, alors que Les disciplines scientifiques, en fait, les mathématiques ou l'ingénierie électronique, la biologie moléculaire ou la géologie sont les mêmes où que ce soit, égales à elles-mêmes en tous lieux et ne tendent pas par hasard à s'exprimer de plus en plus et de partout dans une seule langue : l'anglais.

L'appel a suscité des réactions violentes, non seulement de la part des scientifiques mais aussi de littéraires, spécialement des jeunes, qui y voyaient un retour en arrière de plusieurs décennies, une conception démodée de l'histoire littéraire de l'Italie[1]. Ceux qui ont réagi négativement à cet appel ont rappelé justement combien l'absence d'enseignement des racines historiques et philosophiques de la science et les bases technico-scientifiques de la civilisation du passé ont contribué à diffuser un dualisme néfaste.

En outre, l'appel démonise l'état d'esprit scientifique en l'accusant injustement de transmettre un mépris de la culture humaniste.

Ce débat montre qu'à l'évidence beaucoup d'éminents intellectuels de la communauté humaniste sont encore loin d'avoir conscience de la nécessité d'une troisième culture[2].

D'autre part, quelques mois plus tôt, dans la revue *New Republic* d'Août 2013 est paru un article de Steven Pinker intitulé : *Les scientifiques ne sont pas vos ennemis : une supplique passionnée aux romanciers négligés, professeurs assiégés et historiens privés de rôle.*

Pinker commence son article en rappelant que les grands intellectuels de la Renaissance et du siècle des Lumières (Descartes, Spinoza, Hobbes, Locke, Hume, Rousseau, Leibniz, Kant) étaient des scientifiques, mais aussi des érudits avides des matières *humanistes*. Ils pourraient, en effet, être considérés de nos jours comme des neuroscientifiques cognitifs, psychologues évolutionnistes ou sociaux. À la différence que, pour eux, les concepts de neurone ou de gène n'existaient pas encore. Nous vivons aujourd'hui dans une époque qui

---

1 http://www.huffingtonpost.it/annalisa-andreoni/a-proposito-dellappello-per-le-scienze-umane-di-asor-rosa-esposito-e-galli-della-loggia_b_4780096.html

2 On verra aussi : http://www.huffingtonpost.it/daniele-scalea/apologia-della-cultura-umanistica_b_4452690.html

nous a fourni de magnifiques instruments scientifiques pour approfondir ces matières et donc un intellectuel humaniste devrait être enthousiasmé par les nouvelles idées venant des sciences.

Et pourtant il continue à y avoir de la part des humanistes une levée de boucliers contre les sciences, considérées par eux comme étant à l'origine des guerres, des génocides ... Il existe une défiance violente en vers ce qu'on appelle « scientisme », mode de pensée philosophique dont les humanistes auraient selon Pinker une acception erronée : une espèce d'étiquette ayant une connotation d'arrogance, qui présenterait la science comme la doctrine pouvant résoudre tous les problèmes.

L'idée de Pinker est que la science ait, à bon droit, voix au chapitre dans les affaires humaines ; la science est humaniste, car elle contribue à formuler les réponses aux grandes questions : *qui sommes-nous, d'où venons-nous, où allons-nous ?* Les sciences nous fournissent en fait des théories sur l'origine de la vie et de l'Univers. Bien sûr, elles ne nous dictent pas nos valeurs, mais donnent les contours des valeurs possibles. Par exemple, à partir de la proposition scientifique d'un Univers qui évolue sans but défini, bien différent d'un Cosmos né de la providence divine, nous sommes forcés d'assumer la responsabilité de notre bien-être et de la sauvegarde de notre planète.

L'interaction dialectique entre humanistes et scientifiques amènerait d'innombrables possibilités d'innovation et de compréhension : chercher à comprendre les connexions entre art, culture et perceptions cérébrales et la manière dont ces connexions se propagent de façon épidémiologique au niveau social. Les révolutions intellectuelles qui mènent à de nouveaux paradigmes dans tous les domaines (qu'ils soient scientifiques, littéraires ou artistiques) ne se transmettent pas en fait par les textes, mais se propagent comme des épidémies par divers types de contagions : intellectuelles, émotives, expérimentales, de manière similaire à la compétition entre les mèmes dont nous avons parlé dans les chapitres précédents.

Si on pense à l'analyse d'un problème philosophique fondamental comme le libre arbitre, il peut être efficacement débattu à l'intérieur de l'étude du déterminisme et de l'indéterminisme des lois physiques (on verra par exemple le débat entre Claudio Rovelli et Leo-Smolin sur la revue *Edge* le 7/8/2013).

Dans certaines disciplines, cette dialectique profonde entre les deux cultures existe déjà depuis longtemps. Par exemple dans l'archéologie ou dans la philosophie de l'esprit. La génétique comportementale, la linguistique, la psychologie évolutionniste sont elles aussi des disciplines hybrides. Et nos théories politiques et morales ont, à coup sûr, beaucoup à apprendre des théories sur l'Univers et sur l'origine des espèces. En général l'entreprise scientifique est un véritable foyer d'élaborations conceptuelles qui ne sont pas moins dignes de celles qu'on peut trouver dans la pensée philosophique. Et de nombreux philosophes de profession ont vu dans l'enquête scientifique un point de référence fondamental pour l'enquête philosophique. Inversement, on voit aussi les parcours de ceux qui, partant d'une formation scientifique, ont abouti à la *profession* de philosophe. L'un d'entre eux est Moritz Schlick, un des maîtres à penser de ce Cercle de Vienne, florissant entre les années 20 et 30. Pour Schlick, la philosophie n'est ni une science ni une discipline autonome, elle est inhérente à toutes les sciences, elle est leur âme véritable[1]. Le scientifique doit toujours être aussi philosophe, comme le furent Helmholtz et Einstein.

Pinker souhaite un dialogue entre sciences et matières humanistes. J'irais, moi, plus loin en souhaitant non

1 Schlick (1918), p. 11.

seulement des dialogues fructueux mais une troisième culture réelle où les scientifiques reprendraient l'attitude critique des philosophes[1] pour concevoir une *Weltanschauung* où situer leurs propres idées et où les philosophes, les historiens, les littéraires mettraient à profit les résultats scientifiques qui nous aident à écrire l'histoire naturelle de l'homme et de l'Univers. C'est la seule façon pour nous de *sortir de la cuve*, de conjuguer les jugements transcendantaux de la philosophie avec les conséquences logiques des systèmes formels et les implications de la physique, de porter la raison devant le tribunal de la raison. La vision de la troisième culture nous permet de *sortir du système* où nous agissons et de juger nos propres actions. Ce n'est qu'ainsi que nous pourrons dominer de façon critique et contrôler selon les signifiés éthiques les potentialités d'action sur la nature que les sciences peuvent nous fournir et de l'autre côté, nous libérer de dogmes idéologiques et de philosophies totalitaires qui nous portent à des compétitions aveugles entre les individus ou les peuples. Ainsi les fruits de notre intelligence pourront nous porter à un *succès biologique*.

Comme dit Brockman dans son article *La troisième culture émergente* (*Edge.org*, 9/9/1991) :

> The third culture consists of those scientists and other thinkers in the empirical world who, through their work and expository writing, are taking the

1 Il est intéressant de citer à nouveau, à ce propos le point de vue critique de Carlo Rovelli : *Science is not about certainty. Science is about finding the most reliable way of thinking, at the present level of knowledge. Science is extremely reliable; it's not certain. In fact, not only it's not certain, but it's the lack of certainty that grounds it. Scientific ideas are credible not because they are sure, but because they are the ones that have survived all the possible past critiques, and they are the most credible because they were put on the table for everybody's criticism.* (*Edge*, 30/5/2012).

place of the traditional intellectual in rendering visible the deeper meanings of our lives, redefining who and what we are.
*(La troisième culture ce sont ces scientifiques et autres penseurs du monde empirique qui, à travers leurs travaux et leurs publications, prennent la place de l'intellectuel traditionnel en rendant visible le sens plus profond de nos vies, en redéfinissant qui nous sommes et ce que nous sommes.)*

# Bibliographie

AIME, M. (2013). *Cultura*, Bollati Boringhieri, Torino.

ANDERS, G. (2008) *Il mondo dopo l'uomo. Tecnica e violenza.* Mimesis, Milano.

ARIETI, S. (1976) *Creativity : the magic synthesis* [trad. italienne (1976) *Creativita, la sintesi magica-* Il pensiero scientifico, Roma ].

ARENDT, H. (2011) *Qu'est-ce que la politique ?,* Points, Essais, Paris.

BARON-COHEN, S. S., WHEELWRIGHT S., LAWSON, J., GRIFFIN, R. & HILL, J. (2007). The exact mind : Empathising and systemizing in autism spectrum conditions, in : « Handbook of cognitive development », chap 22, U. Goswami (sous la direction de), Blackwell, Oxford.

BION, W.R. (2009a) *Esperienze nei gruppi e altri saggi*, Armando, Roma (première édition 1971).

BION, W.R. (2003) *Aux sources de l'expérience*, PUF, Paris.

BLANDINO, G. (1996). *Le capacità relazionali*, UTET, Torino.

BOBBIO, N. (2004) *Le sage et la politique Écrits moraux sur la vieillesse et la douceur*, Albin Michel, Paris.

BOHM, D. (1990) *La conscience et l'Univers*, Éditions du Rocher, Paris.

BRIA, P. (2000). *L'essere antinomico, l'inconscio come insiemi infiniti venti anni dopo*, in « Inconscio come insiemi infiniti di I. Matte Blanco » Einaudi, Torino.

BROCKMAN, J., (1994) *The third culture*, Simon & Shuster, New York.

CAMAIONI, L., (1995). *La teoria della mente : origini, sviluppo e patologia*, Laterza Roma-Bari.

CAROTENUTO, A. (2001). *Attraversare la vita*, Bompiani, Milano.
CHOMSKY, N. (1992) *Règles et représentations*, Flammarion, Paris.
COMTE-SPONVILLE, A. (2004) *Le capitalisme est-il moral ?* Albin Michel, Paris.
CURIR, A. (2014) *Les processus psychologiques de la découverte scientifique, l'harmonieuse complexité du monde*, L'Harmattan, Paris.
D'ALEMBERT, J. (2000) *Discours préliminaire de l'Encyclopédie*, (2000) Vrin, Paris.
DAMASIO, A. (1999) *Emozioni e coscienza*, trad. italienne. Adelphi, Milano (2000).
DIDEROT, D. & D'ALEMBERT, J. (1777-9) *Encyclopédie ou dictionnaire raisonné des sciences, des arts et des métiers par une société de gens de Lettres, mis en ordre et publié par Diderot et D'Alembert*, Genève.
ECO, U. (1992) *Le signe, histoire et analyse d'un concept*, Livre de Poche, Paris.
DAVIES, P. (2012) *Un solo Universo o infiniti Universi ?*, Di Renzo, Roma.
DAWKINS, R. (2003) *Le gène égoïste.* Odile Jacob, Paris.
EINSTEIN, A. (1954) *Ideas and opinions*, Random House, New York.
FROMM, E. (1978) *Avoir ou être*, Laffont (Réponses), Paris.
FROMM, E. (2001) *La passion de détruire, Anatomie de l'agressivité humaine*, Laffont (Réponses), Paris.
GALIMBERTI, U. (1984) *La terra senza il male : Jung dall'inconscio al symbolo*, Feltrinelli, Milano.
GALIMBERTI, U. (2000) *Psiche e techne, l'uomo nell'eta della tecnica*, Feltrinelli, Milano.
GALLESE, V. (2003) *The roots of Empathy : The Shared Manifold Hypothesis and the Neural Basis of*

*Intersubjectivity,* « Psychopathology », vol 36, no. 4, pp171-180.

GAUKROGER, S. (2010) *The collapse of Mechanism and the rise of Sensibility*, Clarendon Press, Oxford.

GRINBERG, L., D. SOR & TABAK DE BIANCHEDI (1993). *Introduzione al pensiero di Bion*, Raffaello Cortina, Milano.

GUÉNON, R. (1962) *Symboles de la science sacrée*, Gallimard, Paris.

GUIDANO, V. (2005), *Lo sviluppo del sé, « Nuovo manuale di psicoterapia cognitiva »*, B. Bara (sous la direction de), Bollati Boringhieri, Torino.

HADAMARD, J. (1975) *Essai sur la psychologie de l'invention dans le domaine mathématique*, Gauthier Villars, Paris.

HAWKING, S. (2011) *Y-a-t-il un grand architecte dans l'Univers (The grand design)*, Odile Jacob, Paris.

HOFSTADTER, D. R., DENNETT, D.C. (1999) *Vues de l'esprit. Fantaisies et réflexions sur l'être et l'âme*, Interéditions, Paris.

HUME, D. (1739) *Traité de la nature humaine*, GF – Flammarion, Paris (1999).

IMBASCIATI, A. (1994) *Fondamenti psicoanalitici della psicologia clinica*, UTET, Torino.

JAQUARD, A. (2005) *Être humain ?* Éditions de l'aube, La Tour d'Aygues.

JEANS, J. (1931) *Le mystérieux Univers*, Hermann, Paris.

KOESTLER, A. (2011) *Le cri d'Archimède*, Les Belles Lettres, Paris.

KOESTLER, A. (2010) *Les somnambules*, Les Belles Lettres, Paris.

KUHN, T. (2008) *La structure des révolutions scientifiques*, Flammarion (Champs), Paris.

LAGRANGE, J. L., (1989) *Mécanique Analytique*, Éditions Jacques Gabay, Sceaux.

LATOUR, B ; (2010) *Cogitamus*, La Découverte.
LÉVI STRAUSS, C., (1950) *Introduction à l'œuvre de Marcel Mauss*, apud Marcel Mauss, *Sociologie et Anthropologie*, PUF, Paris.
MAGRIS, C., LEVI DELLA TORRE, S. (2010) *Democrazia, Legge e Coscienza,* Codice, Torino.
MATTE BLANCO, I. (2000) *L'Inconscio come insieme infiniti,* Einaudi, Torino.
MEOTTI, A., *Un' Ipotesi di tipo Bioniano sull'origine del pensiero*, « Rivista di Psicanalisi », vol 27, pp 415-424.
NAPOLITANO, G.& ZAGREBELSKY, G. (2010) *L'esercizio della democrazia.* Codice, Torino.
ODIFREDDI, P. (2006). *Una dimostrazione divina, « La prova matematica dell'esistenza di Dio, K. Gödel »*, Bollati Boringhieri, Torino.
PAULI, W. (1999). *Physique moderne et philosophie*, Albin Michel, Paris.
PAULI, W. (2006). *Psiche e Natura*, Adelphi, Milano.
PENROSE, R. (1998) *L'esprit, l'ordinateur et les lois de la physique*, Dunod InterÉditions, Paris.
PENROSE, R. (1995) *Les ombres de l'esprit : à la recherche d'une science de la conscience*, Dunod InterÉditions, Paris.
PENROSE, R. & HAMEROFF, S. (2011) *Consciousness in the Universe : Neuroscience, Quantum Space-Time Geometry and Orch OR Theory in Quantum Physics of Consciousness*, Cosmology Science Publishers, Cambridge, MA.
PERUSSIA, F. (1983) *La Ragione Precausale*, Unicopli, Milano.
PERUSSIA, F. (2003) *Theatrum Psychotechnicum*, Bollati Boringhieri, Torino.
PINKER, S. (2013) *L'instinct du langage*, Odile Jacob, Paris.

POINCARÉ, H. (1908) *Science et Méthode*, Flammarion, Paris.

POINCARÉ, H. (1908) *L'Invention mathématique, « Revue générale des sciences pures et appliquées »*, vol.19, pp 521-526.

POPPER, K. (2006) *Conjectures et réfutations : La croissance du savoir scientifique*, Payot, Paris.

POPPER, K. (2007) *La logique de la découverte scientifique*, Payot, Paris.

PRICE, H. (1992) *Agency and Causal Asymmetry*, « Mind », vol. 101, pp. 501-520.

PRIGOGINE, I. & STENGERS, I. (1986) *La nouvelle alliance : Métamorphose de la science*, Folio Essais, Paris.

PRIGOGINE, I. & STENGERS, I. (2009) *Entre le temps et l'éternité*, Champs sciences, Paris.

RECALCATI, M. (2013) *Il complesso di Telemaco*, Feltrinelli, Milano.

RIOLO, F. (1981), *Il pensiero analitico tra verità e bugia*, « Rivista » di psicanalisi », vol. 27, pp. 714-726.

SEARLE, J.R. (2003) *La razionalità nell'azione*, Cortina, Milano.

SEARLE, J.R. (1998) *La construction de la réalité sociale*, Gallimard, Paris.

SEGRE, E. (1971) *Enrico Fermi, fisico*, Zanichelli, Milano.

SCHLICK, M. (1918) *Allgemeine Erkenntnislehre*, Springer, Berlin. Édition française : *Théorie générale de la connaissance*, Gallimard, Paris, (2009).

SIMPSON, G.G. (1961) *Principles of Animal Taxonomy*, Columbia University Press, New York.

SNELL, B. (1994) *La découverte de l'esprit*, L'Éclat, Paris.

SNOW, C.P. (1968) *Les deux cultures*, J.J. Pauvert, Paris.

SYMINGTON, J. & N. SYMINGTON (1998) *Il pensiero clinico di Bion*, Raffaello Cortina, Milano.

THOM, R. (2010) *Paraboles et catastrophes*, Champs, Paris.

VARELA, F., THOMPSON, E., ROSCH, E. (1999) *L'Inscription corporelle de l'esprit*, Seuil, Paris.

VARELA , F. (2004) *Quel savoir pour l'éthique ?* La Découverte, Paris.

Von MEYENN, K. (2009) *Pauli's philosophical Ideas*, dans « Recasting Reality : Wolfgang Pauli's Philosophical Ideas and Contemporary Science », avec l'aide de Atmanspracher, H. & H. Primas, Springer-Verlag, Berlin-Heidelberg.

WEYL, H. (2016) *Philosophie des Mathématiques et des Sciences Naturelles*, MétisPresses, Genève.

## Table des matières

# SCIENCES HUMAINES ET SOCIALES, LETTRES, PSYCHOLOGIE AUX ÉDITIONS L'HARMATTAN

*Dernières parutions*

**CATASTROPHE FERROVIAIRE, REPRÉSENTATION ET TROUBLES POST-TRAUMATIQUES**
**Le cas d'Eséka (Cameroun)**
*Claude Désiré Noumbissié*
La catastrophe ferroviaire d'Eséka, survenue le 21 octobre 2016 au Cameroun, présente un bilan douloureux et alarmant. Cette étude montre que plus de neuf mois après, les victimes présentent des souffrances psychiques, des douleurs physiques, des troubles post-traumatiques importants. Elles ont également des représentations magico-religieuses de la catastrophe et vivent dans un environnement socio-économique asphyxiant. Cette situation nécessite impérativement une prise en charge holistique et professionnelle solide.
*(118 p., 14 euros)*
*ISBN : 978-2-343-15470-1, EAN EBOOK : 9782140098130*

**LES HOMMES PILOTENT... LES FEMMES CONDUISENT ?**
**Guide des comportements au volant**
*Jean-Marc Bailet*
Les comportements au volant seraient-ils différents entre hommes et femmes ? Si la voiture est née grâce au génie d'ingénieurs français, les femmes ont dû s'imposer pour vaincre les préjugés et conduire. Les femmes n'ont jamais placé leur narcissisme dans l'objet-voiture : elles sont plus prudentes et respectueuses du Code de la route. L'ostracisme qui les a visées est désormais révolu et doit être proscrit du discours commun.
*(154 p., 17 euros)*
*ISBN : 978-2-343-15141-0, EAN EBOOK : 9782140095986*

**LE SYNDROME DE SCHOPENHAUER**
**Variante psycho-sociale des troubles du comportement à l'adolescence**
*Didier Bourgeois*
La psychiatrie prend en compte la souffrance psychique des individus. Parmi eux, certains sujets, jeunes, très doués intellectuellement, mais inexorablement suicidaires, interpellent et dérangent. La prise en charge psycho-thérapeutique des sujets schopenhauer est accrobatique mais il ne faut pas échouer avec eux, tant ils sont incisifs et décisifs. Cet ouvrage propose de situer ce syndrome au sein de la clinique actuelle, ainsi que de suggérer des pistes thérapeutiques.
*(Coll. Psycho-Logiques, 140 p., 15,5 euros)*
*ISBN : 978-2-343-14300-2, EAN EBOOK : 9782140093814*

## LES TENTATIVES DE SUICIDES DES ADOLESCENTS
**Du Négatif à la Subjectivation**

*Clément Rizet*

A travers l'expérience d'un clinicien d'orientation psychanalytique quelles sont les possibilités de mettre au travail le Négatif en particulier chez l'adolescent dans le but de relancer le processus de Subjectivation chez les jeunes en grande souffrance ? Le concept de Subjectivation formé par Michel Foucault à partir d'une archéologie du « souci de soi » des antiques Grecs apparait fructueux dans la prise en charge d'adolescent(e)s suicidaires et suicidants.

*(Coll. Psycho-Logiques, 218 p., 23,5 euros)*

*ISBN : 978-2-343-14642-3, EAN EBOOK : 9782140091582*

## LES MULTIPLES VISAGES DU SELF

*Walter Trinca*

*Traduit du brésilien portugais par Pascal Reuillard*

Quelle est la nature du self ? Est-ce quelque chose d'incohérent, d'instable, de paradoxal et de contradictoire ou, au contraire, d'un aspect de l'esprit qui assure continuité, permanence, organisation et structuration ? Le self instance de médiation est sensible à l'action de l'être intérieur par la stabilité, l'équilibre et l'harmonie de la vie psychique. Il est aussi à la merci de l'instabilité, de la disharmonie, de la désorganisation et de la déstructuration.

*(Coll. Psycho-Logiques, 190 p., 19,5 euros)*

*ISBN : 978-2-343-14882-3, EAN EBOOK : 9782140091032*

## LE MAL
**Traumas, hantises et mélancolie**

*Elisabeth Darchis*

*Sous la direction de Élisabeth Darchis et Henri Bartoli - Préface de Claude Nachin - Postface de Frédéric Tordo*

« L'esprit du mal » sévit chaque jour sous les yeux et dans la chair des vivants, dans les mémoires collectives et les héritages psychiques. Sans prétendre apporter toutes les réponses que le mal appelle, ces études débouchent au-delà des approches psychanalytiques de N. Abraham et M. Torok, sans apaiser les inquiétudes. Ces diverses recherches espèrent fournir des pistes qui nourriront et enrichiront sa réflexion.

*(Coll. Nomino ergo sum, 174 p., 18 euros)*

*ISBN : 978-2-343-14701-7, EAN EBOOK : 9782140090066*

## SURDOUÉES
**Le haut quotient intellectuel chez les femmes**

*Camille Zyrh*

En France, le surdon provoque questions, intérêt et débats auprès du grand public depuis les années 2000. Parmi cette entité globale que l'on nomme «¬ les surdoués¬ », les femmes vivent-elles différemment le fait d'être dotées d'un fort quotient intellectuel¬? Y a-t-il autant d'hommes que de femmes surdoués ?

Certaines de ces femmes rencontrent-elles des difficultés spécifiques dans les différents domaines de leur vie ¬: scolaire, amical, professionnel, affectif¬ ? Qu'en est-il de leur créativité, et de leur capacité de résilience ? Et quel sort risquent-elles de connaître lorsqu'elles naissent dans un environnement familial défavorable ?

*(138 p., 15,5 euros)*

*ISBN : 978-2-343-14850-2, EAN EBOOK : 9782140090271*

### ETUDES CLINIQUES ET BIOLOGIQUES

**Psychopathologie en Afrique 3**

*Omar Ndoye, Pierre-Georges Despierre, Mamadou Habib Thiam*

Au sommaire de ce numéro 3 : Le transfert de la différence de Aboubacar Barry, Commentaires de Pierre-Georges Despierre, L'albinisme au Sénégal de Florentine Mbengue, Omar Ndoye, Madeline Thiaw, Mamadou Habib Thiam, A propos de l'hermaphrodisme de Elodie Gaëlle N'Gemi, Omar Ndoye, Mamadou Habib Thiam.

*(170 p., 18 euros)*

*ISBN : 978-2-343-14060-5, EAN EBOOK : 9782140076749*

### VIVRE SA VIE ET NON LA SUBIR

**Les 10 clefs d'une Intelligence intégrative pour réussir sa vie**

**Essai**

*Pierre Vinot*

Savoir s'autoriser, ne pas subir le déterminisme de son environnement pour mieux exister...Savoir changer nos petites habitudes quotidiennes pour changer profondément notre vie...Savoir vivre avec sérénité les moments douloureux...Savoir écouter ses désirs pour mieux les vivre, pour mieux vivre... Pierre Vinot établit ce projet à travers les 10 clefs de l'Intelligence intégrative, l'intelligence de la vie.

*(Coll. Les Impliqués, 146 p., 16 euros)*

*ISBN : 978-2-343-14059-9, EAN EBOOK : 9782140069406*

### LA PRISE DE RISQUE ROUTIER AU CAMEROUN

*Adrien Edouard Mvessomba, Hélène Chantal Ngah Essomba, Pulchérie Chantal Vigto*

Ce livre situe la complexité de la prise de risque routier, qui est la principale cause des accidents de la route. L'argumentation suscite une réflexion chez les concepteurs des stratégies de sensibilisation à la sécurité routière, qui ne doivent plus considérer le preneur de risque comme un individu incivique, qu'il faut traquer par des mesures répressives, mais plutôt comme une personne dont la conduite est influencée par des facteurs psychosociaux. Cet ouvrage met en évidence la place que les croyances et la culture occupent dans la prise de risque routier, et, partant, de l'accidentologie.

*(Coll. Harmattan Cameroun, 160 p., 16,5 euros)*

*ISBN : 978-2-343-13303-4, EAN EBOOK : 9782140050114*

**ECCE HOMO, L'ODYSSÉE DE L'AVENTURE HUMAINE**

*Michel Petit*

Ce livre est une odyssée. Un voyage à la rencontre de nous-mêmes, à la découverte de la manière dont nous déchiffrons la vie, l'existence et le monde. Une façon de comprendre la maltraitance humaine et d'y remédier. Une trajectoire passant d'un "paradis perdu" du Paléolithique, au fourvoiement de l'homme lors de l'avènement du Néolithique.

*(Coll. Santé, sociétés et cultures, 318 p., 33 euros)*

*ISBN : 978-2-343-12705-7, EAN EBOOK : 9782140048807*

**ALIX CLÉO ROUBAUD, RÊVES ET PHOTOGRAPHIES. Une temporalité fragmentée**

*Catherine Roseau, Sylvie Schwab*

L'analyse conjointe d'une psychanalyste et d'une historienne de l'art permet de découvrir l'oeuvre écrite et photographique d'Alix Cléo Roubaud. Cette artiste nous a laissé un Journal intime et des photographies parfois énigmatiques où les thèmes du corps et du double se croisent avec insistance. Ce parcours à quatre mains dévoile la trame commune entre les rêves et les photographies et éclaire avec nuance et rigueur une créativité caractérisée par une temporalité fragmentée et une quête identitaire à réinventer sans cesse.

*(Coll. Psychologie des Interactions, 54 p., 11,5 euros)*

*ISBN : 978-2-8066-3610-2, EAN EBOOK : 9782806650955*

**LES PIÈGES DU RÉALISME Kant et Lacan**

*Christian Fierens, Frank Pierobon*

Peut-on croire à la réalité propre de l'être humain comme à celle d'une « chose » dont l'observation contiendrait tout ce qui est nécessaire à sa connaissance ? Non, car cette illusion piège la pensée et la dépouille de son pouvoir agissant et créateur, que soutiendraient des méthodes philosophiques comme l'architectonique de Kant et psychanalytiques comme la topologie de Lacan.

*(Coll. Lire en psychanalyse, 322 p., 32 euros)*

*ISBN : 978-2-8066-3607-2, EAN EBOOK : 9782806650917*

**LE CONCEPT D'HUMOUR PERVERS CHEZ SADE Une analyse psychobiographique**

*Frédéric Mazières*

Dans le cadre d'une approche psychobiographique des oeuvres romanesques les plus violentes du marquis de Sade, l'auteur analyse le modèle psychopathologique de l'écrivain, où comment les traumatismes de son enfance et ses incarcérations eurent un impact sur la structure et l'évolution de son inquiétante personnalité. Entre psychanalyse, psychiatrie et critique littéraire, l'auteur détaille en quoi les procédés littéraires utilisés par Sade tels que le comique et l'humour pervers constituent des symptômes de sa perversité.

*(Coll. L'oeuvre et la psyché, 362 p., 37 euros)*

*ISBN : 978-2-343-11184-1, EAN EBOOK : 9782140043611*

## Structures éditoriales du groupe L'Harmattan


**L'Harmattan Italie**
Via degli Artisti, 15
10124 Torino
harmattan.italia@gmail.com

**L'Harmattan Hongrie**
Kossuth l. u. 14-16.
1053 Budapest
harmattan@harmattan.hu

---

**L'Harmattan Sénégal**
10 VDN en face Mermoz
BP 45034 Dakar-Fann
senharmattan@gmail.com

**L'Harmattan Cameroun**
TSINGA/FECAFOOT
BP 11486 Yaoundé
inkoukam@gmail.com

**L'Harmattan Burkina Faso**
Achille Somé – tengnule@hotmail.fr

**L'Harmattan Guinée**
Almamya, rue KA 028 OKB Agency
BP 3470 Conakry
harmattanguinee@yahoo.fr

**L'Harmattan RDC**
185, avenue Nyangwe
Commune de Lingwala – Kinshasa
matangilamusadila@yahoo.fr

**L'Harmattan Congo**
67, boulevard Denis-Sassou-N'Guesso
BP 2874 Brazzaville
harmattan.congo@yahoo.fr

**L'Harmattan Mali**
Sirakoro-Meguetana V31
Bamako
syllaka@yahoo.fr

**L'Harmattan Togo**
Djidjole – Lomé
Maison Amela
face EPP BATOME
ddamela@aol.com

**L'Harmattan Côte d'Ivoire**
Résidence Karl – Cité des Arts
Abidjan-Cocody
03 BP 1588 Abidjan
espace_harmattan.ci@hotmail.fr

**L'Harmattan Algérie**
22, rue Moulay-Mohamed
31000 Oran
info2@harmattan-algerie.com

**L'Harmattan Maroc**
5, rue Ferrane-Kouicha, Talaâ-Elkbira
Chrableyine, Fès-Médine
30000 Fès
harmattan.maroc@gmail.com


---

## Nos librairies en France


**Librairie internationale**
16, rue des Écoles – 75005 Paris
librairie.internationale@harmattan.fr
01 40 46 79 11
www.librairieharmattan.com

**Librairie l'Espace Harmattan**
21 bis, rue des Écoles – 75005 Paris
librairie.espace@harmattan.fr
01 43 29 49 42

**Lib. sciences humaines & histoire**
21, rue des Écoles – 75005 Paris
librairie.sh@harmattan.fr
01 46 34 13 71
www.librairieharmattansh.com

**Lib. Méditerranée & Moyen-Orient**
7, rue des Carmes – 75005 Paris
librairie.mediterranee@harmattan.fr
01 43 29 71 15

**Librairie Le Lucernaire**
53, rue Notre-Dame-des-Champs – 75006 Paris
librairie@lucernaire.fr
01 42 22 67 13

www.ingramcontent.com/pod-product-compliance
Lightning Source LLC
LaVergne TN
LVHW021208061026
849535LV00008B/2635